北京野生果树

郭家选 等 著

U0341451

中国农业出版社

著 者（按姓氏音序排列）

蔡 蕾 陈之欢 董清华 郭家选

刘 冰 秦 岭 沈元月

前 言

　　我国是世界上最重要的果树起源中心之一，有着"落叶果树王国"的美誉。北京地处华北平原西北部，自然环境非常宜于落叶果树的生长和发育，野生果树资源极为丰富。野生果树资源在生态环境建设、生物多样性保护、杂交育种、果树栽培和人类健康等方面发挥着重要的作用。目前，"物种资源""遗传资源"和"基因资源"是农业和生物学领域研究的热点和重点。在环境保护部生态司"全国生物物种资源联合执法检查和调查"项目的资助下，北京农学院组织有关专家，历时5年（2008—2012）对北京野生果树资源进行了重点调查，在广泛的实地考察、摄影、鉴定种类的基础上，经过不断修改和补充，终于在今年完成了《北京野生果树》的编写工作。

　　在编写和修改过程中，我们得到了中国科学院植物研究所的大力支持，他们组织有关专家具体指导《北京野生果树》的编写工作，并提供了部分珍贵的图片资料。北京大学、北京师范大学、中国农业大学、北京林业大学、首都师范大学也给予了我们许多具体的帮助。这种高尚的协作精神极大地促进了本书编写工作的顺利完成。在这里谨向他们致以衷心的感谢！

　　本书可作为植物学及果树学教学、科研人员的参考书，也可供科普和旅游爱好者使用。

　　由于编写时间和水平的限制，疏漏之处在所难免，希望读者给予严格的批评，以便进一步补充修订。

著者

2013年6月23日

　　本书中涉及的野生果树分布范围包括北京市城区和郊区，个别的种类包括与北京邻近的河北兴隆县雾灵山、天津市蓟县盘山等。

　　被子植物各科按照恩格勒和笛尔士（Engler-Diels）1936年出版的*Syllabus der Pflenzenfamilien*一书的第11版系统排列。

北京野生果树植物检索表

1.单被花，或有花萼而无花瓣，或二者均缺。
  2.木质藤本 ························· 六、木兰科 Magnoliaceae（十七）五味子
    Schisandra chinensis（Turcz.）Baill.

  2.乔木或灌木。
    3.单叶。
     4.叶背具银色鳞片··· 十七、胡颓子科 Elaeagnaceae（六十）中国沙棘
      Hippophae rhamnoides Linn.subsp. *sinensis* Rousi

     4.叶背无银色鳞片。
      5.聚花果 ······························ 四、桑科 Moraceae
       6.茎上具刺 ······················ 柘树属 *Cudrania* Trec.（十一）柘树
        Cudrania tricuspidata (Carr.)Bur.

       6.茎上无刺。
        7.聚花果长圆形 ······························ 桑属 *Morus* L.
         8.叶缘锯齿的先端不具刺芒尖··· （十二）桑 *Morus alba* L.
         8.叶缘锯齿的先端具刺芒尖 ······························
          ············· （十三）蒙桑 *Morus mongolica*(Bur.)Schneid.
        7.聚花果球形 ······· 构树属 *Broussonetia* L'Hér. ex Vent.
         （十四）构树 *Broussonetia papyrifera* (Linn.) L'Hér. ex Vent.

     5.果序松散，不成聚花果 ············ 二、桦木科 Betulaceae
     9.果实为纸质或革质的果苞所包。
      10.果簇生，果苞完全包被果实。
       11.坚果大，簇生于短枝的顶端 ············ 榛属 *Corylus* L.
        12.果苞叶状（钟状）······························
         ···············（二）榛 *Corylus heterophylla* Fisch. ex Trautv.
        12.果苞长管状 ······························
         ······ （三）毛榛 *Corylus mandshurica* Maxim. et Rupr.
       11.坚果小，果序成总状，下垂 ······虎榛子属 *Ostryopsis* Decne.（四）
        虎榛子 *Ostryopsis davidiana* Decne.

10.长穗状果序，果苞叶状，不完全包被果实……………………
…………………（五）鹅耳枥 *Carpinus turczaninowii* Hance
9.果实为木质的壳斗所包…………三、壳斗科 Fagaceae　栎属 *Quercus* L.
13.叶缘具刺芒状锯齿 …………（六）栓皮栎 *Quercus variabilis* Bl.
13.叶缘具波状钝齿或裂片。
　14.叶柄较短，在0.5cm以下。
　　15.小枝密生灰黄色星状毛，叶背老时仍有毛，苞片披针形向外反
　　　曲 …………（七）柞栎 *Quercus dentata* Thunb.
　　15.小枝光滑，叶背老时无毛，苞片鳞片状不反曲。
　　　16.苞片具瘤状突起，侧脉7～11对…………………
　　　…………（八）蒙古栎 *Quercus mongolica* Fisch. ex Turcz.
　　　16.苞片无瘤状突起，侧脉多为5～8对…………………
　　　…………………（九）辽东栎 *Quercus wutaishanica* Koidz.
　14.叶柄长1～3cm …………………（十）槲栎 *Quercus aliena* Bl.
3.复叶。
　17.奇数羽状复叶，叶缘有锯齿 … 一、胡桃科 Juglandaceae（一）胡
　　　桃楸 *Juglans mandshurica* Maxim.
　17.常为偶数羽状复叶，叶全缘，揉碎有刺激性气味…………………
　　… 九、漆树科 Anacardiaceae（四十六）黄连木 *Pistacia chinensis* Bge.
1.花具花萼和花冠。
　18.花瓣离生。
　　19.雄蕊10个以上。
　　　20.木质大藤本 … 十六、猕猴桃科 Actinidiaceae（五十九）软枣猕
　　　　猴桃 *Actinidia arguta* (Sieb. et Zucc.)Planch.ex Miq.
　　　20.乔木、灌木，偶有匍匐灌木或草本。
　　　　21.植株有皮刺、针刺或刺毛…………………
　　　　…………八、蔷薇科 Rosaceae 蔷薇亚科 Rosoideae（部分）
　　　　22.花托凹陷，聚合瘦果生杯状花托里面 …… 蔷薇属 *Rosa* L.
　　　　23.小叶小，长1～2.5cm
　　　　…………………（三十二）美蔷薇 *Rosa bella* Rehd. et Wils.
　　　　23.小叶大，长2～4.5cm……（三十三）腺果大叶蔷薇 *Rosa
　　　　aicularis* Lindl.var. *glandulosa* Liou

22.聚合瘦果或小核果着生在扁平或隆起的花托上 ⋯ 悬钩子属 *Rubus* L.

24.单叶 ⋯⋯⋯⋯⋯⋯⋯⋯⋯ （三十四）牛迭肚 *Rubus crataegifolius* Bge.

24.复叶。

25.灌木 ⋯⋯⋯⋯⋯⋯⋯⋯ （三十五）华北覆盆子 *Rubus idaeus*

L. var. *borealisinensis* Yü et Lu

25.多年生草本，植株有稀疏小刺 ⋯⋯⋯⋯⋯⋯⋯⋯⋯⋯⋯

⋯⋯⋯⋯⋯⋯⋯⋯⋯ （三十六）石生悬钩子 *Rubus saxatilis* L.

21.植株无刺或有大型的枝刺，绝无皮刺、针刺或刺毛。

26.子房下位 ⋯⋯⋯⋯⋯ 八、蔷薇科 Rosaceae 苹果亚科 Maloideae

27.复伞房花序 ⋯⋯⋯⋯⋯⋯⋯⋯ 花楸属 *Sorbus* Linn.

28.单叶，花柱2 ⋯⋯⋯⋯⋯⋯⋯⋯⋯⋯⋯⋯⋯⋯⋯⋯⋯

⋯⋯⋯ （二十六）水榆花楸 *Sorbus alnifolia* (Sieb. et Zucc.)Koch

28.羽状复叶，花柱3~4 ⋯⋯⋯⋯⋯⋯⋯⋯⋯⋯⋯⋯⋯⋯⋯

⋯⋯⋯⋯（二十七）花楸树 *Sorbus pohuashanensis* (Hance)Hedl.

27.伞房花序或聚伞花序。

29.叶全缘 ⋯⋯⋯⋯⋯ 栒子属 *Cotoneaster* (B.Ehrh.) Medic.

30.叶背面密生灰黄色茸毛 ⋯⋯⋯⋯⋯⋯⋯⋯⋯⋯⋯⋯⋯

⋯⋯⋯⋯⋯ （二十二）西北栒子 *Cotoneaster zabelli* Schneid.

30.叶背面老时无毛 ⋯ （二十三）水栒子 *Cotoeaster multiflorus* Bge.

29.叶边缘有锯齿或浅裂。

31.心皮成熟时变为硬骨质，植株常有粗而长的枝刺⋯⋯⋯⋯

⋯⋯⋯⋯⋯⋯⋯⋯⋯⋯⋯⋯⋯⋯⋯⋯ 山楂属 *Crataegus* L.

32.叶浅裂或不分裂 ⋯⋯⋯⋯⋯⋯⋯⋯⋯⋯⋯⋯⋯⋯⋯⋯

⋯⋯⋯⋯⋯ （二十四）甘肃山楂 *Crataegus kansuensis* Wils.

32.叶羽状分裂 ⋯⋯ （二十五）山楂 *Crataegus pinnatifida* Bge.

31.心皮成熟时为革质或纸质。

33.花柱离生，果实有石细胞 ⋯⋯⋯⋯⋯⋯⋯⋯⋯⋯⋯⋯

⋯⋯⋯ 梨属 *Pyrus* L. （二十八）杜梨 *Pyrus betulifolia* Bge.

33.花柱基部离生，果实无石细胞 ⋯⋯⋯⋯⋯ 苹果属 *Malus* Mill.

34.萼片脱落。

35.叶柄和花梗光滑无毛 ⋯⋯⋯⋯⋯⋯⋯⋯⋯⋯⋯⋯⋯

⋯⋯⋯⋯⋯ （二十九）山荆子 *Malus baccata* (L.)Borkh.

35.叶柄和花梗常有稀疏柔毛 ………………………………………

……………………………（三十）毛山荆子 *Malus mandshurica* Kom.

34.萼片宿存 ……… （三十一）楸子 *Malus prunifolia* (Willd.)Borkh.

26.子房上位。

36.下位花，心皮多数，果实具分核 ··· 十五、椴树科 Tiliaceae（五十八）

小花扁担杆 *Grewia biloba* Don var.*parviflora* Hand.-Mazz.

36.周位花，心皮1………………… 八、蔷薇科 Rosaceae 李属 *Prunus* L.

37.果实外面有沟。

42.腋芽单生。

43.花单生或2朵并生，果实多汁 ………………………………

··（三十七）野杏 *Armeniaca vulgaris* Lam. var. *ansu* Maxim.

43.花单生，果实干燥，成熟时开裂 …………………………

………………………（三十八）西伯利亚杏 *Prunus sibirica* L.

42.腋芽3个并生。

44.乔木，叶不裂 ··· （三十九）山桃 *Prunus davidiana* (Carr.) Franch.

44.灌木，叶常3浅裂 ………（四十）榆叶梅 *Prunus triloba* Lindl.

37.果实外面无沟。

45.花单生或少数成总状花序。

46.腋芽3个并生。

47.花萼钟状，叶几无毛，矮小灌木，高不过1m …………

……………………（四十一）欧李 *Prunus humilis* Bge.

47.花萼圆筒形，叶密被毛 ………………………………

…………………（四十二）毛樱桃 *Prunus tomentosa* Thunb.

46.腋芽单生 …………（四十三）樱花 *Prunus serrulata* Lindl.

45.花10朵以上成总状花序 ……（四十四）稠李 *Prunus padus* L.

19.雄蕊不超过花瓣的2倍。

48.成熟雄蕊和花瓣同数并对生。

49.子房1室，花3数…………………… 五、小檗科 Berberidaceae

50.全缘或下部边缘有锯齿 ……………………………………

…………………………（十五）细叶小檗 *Berberis poiretii* Schneid.

50.叶缘有刺状细锯齿 ···（十六）大叶小檗 *Berberis amurensis* Rupr.

49.子房2至多室，花4或5数。

51.直立灌木或乔木 ……………………十三、鼠李科 Rhamnaceae

52.花单性，4数 ································· 鼠李属 *Rhamnus* L.

  53.叶缘具芒状锐锯齿 ···································

          ····················（五十四）锐齿鼠李 *Rhamnus arguta* Maxim.

  53.叶缘锯齿不成芒状。

    54.叶长 2～4cm。

      55.叶卵形或近圆形，叶背被柔毛 ···················

          ···················（五十一）圆叶鼠李 *Rhamnus globosa* Bge.

      55.叶菱状卵形或倒卵形，叶背无毛或仅沿脉被稀疏柔毛。

        56.叶菱状卵形 ···································

           ······（五十三）卵叶鼠李 *Rhamnus bungeana* J. Vass

        56.叶倒卵形 ···································

           ······（五十二）小叶鼠李 *Rhamnus parvifolia* Bge.

    54.叶长 4cm 以上 ·········（五十五）鼠李 *Rhamnus davurica* Pall.

52.花两性，5数。

  57.托叶不成刺状 ·················拐枣属 *Hovenia* Thunb.（四十九）

                   拐枣 *Hovenia dulcis* Thunb.

  57.托叶成刺状 ··········枣属 *Ziziphus* Mill.（五十）酸枣 *Ziziphus*

             jujuba Mill. var. *spinosa* Hu ex H. F. Chow

51.木质藤本 ·······················十四、葡萄科 Vitaceae

58.叶背面无白色茸毛 ··········（五十六）山葡萄 *Vitis amurensis* Rupr.

58.叶背面被白色或灰白色茸毛 ·························

          ···················（五十七）桑叶葡萄 *Vitis ficifolia* Bge.

48.成熟雄蕊和花瓣不同数，如同数时，则与花瓣互生。

  59.子房下位或半下位。

    60.伞形花序，植株有刺 ·····························

      ·······十八、五加科 Araliaceae 五加属 *Eleutherococcus* Maxim.

      61.枝刺细长，直而不弯 ·····（六十一）刺五加 *Eleutherococcus*

              senticosus (Rupr.et Maxim.)Maxim.

      61.枝刺粗壮，常为弯曲 ·····（六十二）无梗五加 *Eleutherococcus*

              sessiliflorus (Rupr.et Maxim.) S. Y. Hu.

    60.不呈伞形花序，植株无刺 ·························

      ········十九、山茱萸科 Cornaceae 梾木属 *Cornus* L.

  62.灌木。

63.枝红色，果成熟时白色 ……… （六十三）红瑞木 *Cornus alba* L.

63.枝红紫色，果成熟时黑色 …………………………………………

………………………………（六十四）沙棶 *Cornus bretschneideri* L.Henry

62.乔木 ……………………（六十五）毛棶 *Cornus walteri* Wanger.

59.子房上位。

64.木质藤本 ……… 十、卫矛科 Celastraceae 南蛇藤属 *Celastrus* L.

（四十六）南蛇藤 *Celastrus orbiculatus* Thunb.

64.乔木或灌木。

65.单叶 …………… 七、茶藨子科 Ribesiaceae 茶藨子属 *Ribes* L.

66.枝不具刺。

67.叶常3裂，总状花序长16cm …………………………………

……（十八）东北茶藨子 *Ribes mandshuricum* (Maxim.) Kom.

67.叶常5裂，总状花序长2.5～4cm …（十九）瘤糖茶藨子 *Ribes emodense* Rehd. var. *verruculosum* Rehd.

66.枝具刺。

68.枝在叶基部具1对刺，果无刺 …………………………………

……………………（二十）小叶茶藨子 *Ribes pulchellum* Turcz.

68.枝上和果均密生刺 …………………………………………………

……………… （二十一）刺梨 *Ribes burejense* Fr.Schmidt.

65.复叶。

69.奇数羽状复叶，互生 …… 十二、无患子科 Sapindaceae 文冠果属 *Xanthoceras* Bge.（四十八）文冠果 *Xanthoceras sorbifolia* Bge.

69.三出复叶，对生 …………… 十二、省沽油科 Staphyleaceae 省沽油属 *Staphylea* L.（四十七）省沽油 *Staphylea bumalda* DC.

18.花瓣合生。

70.子房上位。

71.乔木 …………… 二十、柿树科 Ebenaceae 柿树属 *Diospyrus* L.（六十六）黑枣 *Diospyrus lotus* L.

71.灌木或草本 …………………… 二十一、茄科 Solanaceae

72.草本 …………… 酸浆属 *Physalis* L.（六十七）酸浆 *Physalis*

　　　　　　　　　　alkekengi L. var. *franchetii* (Mast.) Makino

72.灌木 ………枸杞属*Lycium* L.（六十八）枸杞*Lycium chinense* Mill.

70.子房下位 ……………………二十二、忍冬科Caprifoliaceae

73.核果 ………………………………荚蒾属*Viburnum* L.

74.叶不裂。

75.花冠辐状 …（六十九）陕西荚蒾*Viburnum schensianum* Maxim.

75.花冠圆筒状 ………………………………………

………………（七十）蒙古荚蒾*Viburnum mongolicum* (Pall.)Rehd.

74.叶掌状3裂 ………（七十一）鸡树条荚蒾*Viburnum opulus* L.

subsp. *calvescens* (Rehder) Sugim.

73.浆果 …………………………………忍冬属*Lonicera* L.

76.枝具白色实髓。

77.花冠5裂，整齐或近整齐。

78.叶被短柔毛 ………………（七十二）北京忍冬

Lonicera elisae Franch.

78.叶被刚毛和睫毛 …………（七十三）刚毛忍冬*Lonicera*

hispida Pall. ex Roem. et Schult.

77.花冠2唇形。

79.叶长1～2.5cm…………（七十四）小叶忍冬*Lonicera*

microphylla Willd. ex Roem. et Schult.

79.叶长3～7cm …………………………………

………………（七十五）华北忍冬*Lonicera tatarinowii* Maxim.

76.枝中空 …………（七十六）金花忍冬*Lonicera chrysantha* Turcz.

目 录

一、 胡桃科
Juglandaceae

（一）胡桃楸 *Juglans mandshurica* Maxim.
（山核桃、东北核桃、楸树、胡核桃、核桃楸）

形态：落叶果树，树高5～20m。树皮暗灰色或灰色。叶为奇数羽状复叶。小叶9～17对，长椭圆形至卵状长椭圆形，先端尖，叶缘有细锯齿，基部钝或近截形。雄柔荑花序长9～27cm，花序轴下垂，先叶开放。雄花的苞片1枚，小苞片2枚；花被片3枚；雄蕊常为12枚。雌穗状花序上长有4～10朵雌花。雌花的花被片多为披针形，柱头鲜红色。果序上有5～7个果实；果实多为卵状，密被腺质的短柔毛。花期5月，果期8～9月。

胡桃楸枝干和果序

识别要点：果序上有5～7个卵圆形的果实。

生境：多生于海拔800～2 000m的山坡、山沟、路边或杂木林中。

分布：北京见于海淀区的西山、门头沟区的百花山、昌平区、怀柔区、密云县、延庆县、房山区等山地，分布较为普遍。亦分布于东北、华北等地区。

用途：核仁含脂肪40%～63.14%。可生食，亦可榨油食用。可以作为北方嫁接核桃的砧木，制作高级家具和工艺品。树皮和叶等可以提取栲胶等。

胡桃楸羽状复叶

胡桃楸雄柔荑花序

胡桃楸雌穗状花序，柱头2裂、红色

胡桃楸的穗状果序

二、桦木科
Betulaceae

（二）榛*Corylus heterophylla* Fisch. ex Trautv.
（平榛）

　　形态： 落叶灌木或小乔木，高1～7m，树皮灰褐色。托叶小，早落。叶长圆形或宽倒卵形，长4～10cm，宽2.5～10cm，顶端近截形，中央具三角形突尖，叶缘具不规则的大小锯齿或小裂片。雄柔荑花序单生或2～3个簇生，圆柱状，长4～5cm；苞片紫褐色，倒卵形；雄蕊8。雌花无梗，2～6朵簇生枝端，雌花花柱丝状，子房平滑无毛。坚果1～4个簇生，近球形，上部露出总苞（果苞）。总苞钟状，密生刺状腺体。坚果无毛或仅顶端疏被柔毛。花期4～5月，果期9月。

榛植株

识别要点：叶顶端近截形，中央具三角形突尖。

生境：生于阔叶林中以及被破坏的林地上。

分布：见于北京山区，分布极为普遍。亦分布于东北、山西、河北、陕西等地。

用途：果仁可食，可榨油。树皮、叶和总苞可提取栲胶。

榛枝条

榛果实

榛总苞背面

（三）毛榛*Corylus mandshurica* Maxim. et Rupr.

形态：落叶灌木，高3～4m，树皮暗灰色，枝条灰褐色。叶宽卵形或长圆形，长6～12cm，宽4～9cm，基部心形，叶缘有不规则的粗锯齿，中部以上具浅裂，侧脉约7对。叶柄长1～3cm。雄花序2～4枚排成总状，苞鳞被白色柔毛。果单生或2～6个簇生；果苞长管状，在坚果上部收缩，较果长2～3倍，外面密被黄褐色刚毛和白色柔毛，上部浅裂。坚果近球形，顶端有小突尖，外面密生白色茸毛。花期5月，果期9月。

识别要点：叶顶端形成骤尖或短尾尖。

生境：生于1 000m以上的灌丛或林下，常与榛混生。

分布：见于北京山区，分布极为普遍。亦分布于东北、河北、山西、山东、陕西、甘肃等地。

用途：果仁可食、榨油。树皮可以提取单宁。

毛榛枝条

毛榛的总苞

（四）虎榛子 *Ostryopsis davidiana* Decne.

形态：落叶灌木，高1～3m，树皮浅灰色，枝条灰褐色。叶卵形或椭圆状卵形，长2～6.5cm，宽1.5～5cm，先端渐尖或锐尖，基部心形，叶缘有不规则的重锯齿和不明显的浅裂片，侧脉7～9对。叶柄长3～12mm。雄花序单生于上年生枝的叶腋，短圆柱形，苞鳞半圆形。雌花序生于当年生枝顶，每4～14朵密集成簇；花柱深紫色，2裂，向外反曲。果苞厚纸质，下半部紧包果实，上半部延伸呈管状。小坚果宽卵形或近球形，褐色。花期4～5月，果期8～9月。

识别要点：叶卵形或椭圆状卵形，顶端渐尖或锐尖，基部心形。

生境：生于向阳山坡或杂木林中。

分布：见于北京门头沟区百花山、怀柔区喇叭沟门、密云县坡头。亦分布于河北、内蒙古、山西、陕西、甘肃和四川北部等地。

用途：树皮和叶可提取单宁。种子含油，可供食用和制肥皂。枝条可编农具。

虎榛子植株

虎榛子雄花序

虎榛子雌花序

虎榛子果实（小坚果）

（五）鹅耳枥 *Carpinus turczaninowii* Hance
（北鹅耳枥、土姜）

形态：落叶乔木，树皮暗灰褐色。叶卵形、宽卵形或卵状菱形，长 2.5 ~ 5cm，宽 1.5 ~ 3.5cm，顶端渐尖或锐尖，基部多为近圆形，少有微心形或楔形，叶缘有规则或不规则的重锯齿，侧脉 8 ~ 12 对；叶柄长 4 ~ 10mm。果序长 3 ~ 5cm；果苞的两侧不对称，外形变异较大，半宽卵形、卵形或长圆形，长 6 ~ 20mm，宽 4 ~ 10mm；内侧的基部具 1 个内折的卵形小裂片，外侧的基部无裂片，外侧边缘具不规则的缺刻状锯齿或具 2 ~ 3 个齿裂。小坚果卵圆形，长约 3mm。花期 5 月，果期 9 月。

识别要点：叶的侧脉为 8 ~ 12 对，基部圆形。

生境：生于山地阴坡或山坡的杂木林中。

分布：见于北京门头沟区百花山、海淀区金山、密云县坡头、平谷区山区等，较为常见。亦分布于辽宁南部、河北、山西、河南、陕西、甘肃等地。

用途：木材坚硬可制农具。种子可榨油。

鹅耳枥植株

鹅耳枥雄柔荑花序

鹅耳枥雌花序

鹅耳枥雌花序

鹅耳枥果序

三、 壳斗科
Fagaceae

（六）栓皮栎 *Quercus variabilis* Bl.

形态：落叶乔木，高25m。树皮黑褐色，条状纵裂，木栓层特别发达。叶椭圆形或长圆状披针形，长8～15cm，宽2～6cm，顶端渐尖，基部广楔形，叶缘具刺芒状锯齿，侧脉14～18对。雄花序为下垂的柔荑花序，雌花单生或几个聚生。壳斗杯状，包围坚果2/3以上，直径1.9～2.1cm，高约1.5cm；苞片锥形，向外反曲。坚果圆形或卵圆形，直径1.3～1.5cm，高1.4～1.9cm；果脐隆起，近无柄。花期5月，果期为翌年的9～10月。

栓皮栎植株

识别要点：叶缘具刺芒状锯齿；苞片锥形，向外反曲。

生境：生于向阳的山谷及近山的平原地带。

分布：见于北京海淀区西山、房山区上方山、门头沟区百花山和潭柘寺，以及平谷区、怀柔区、密云县等地。亦分布于河北、山东、山西、陕西、甘肃、四川、云南、湖北、江苏、安徽、福建等省。

用途：果实可酿酒或榨油。种子可以作饲料。木材可作建筑材料。木栓层可制软木塞、浮标、救生圈、电气绝缘体等软木制品。壳斗可以提取黑色染料。

栓皮栎下垂的雄柔荑花序

栓皮栎总苞和坚果

栓皮栎的总苞（壳斗）

（七）柞栎 *Quercus dentata* Thunb.（槲树、大叶波罗）

形态：落叶乔木，高达25m。树皮暗灰色，粗糙，具深沟。小枝粗壮，有灰黄色的星状毛。叶近无柄，叶多为倒卵形，长10 ～ 20cm，宽6 ～ 13cm；顶端钝，基部楔形，有时耳形；叶缘有波状大齿牙4 ～ 10对，侧脉4 ～ 10对；背面具灰褐色星状毛。花单性，雌雄同株。雄花序为下垂的柔荑花序，生于新枝基部；花被常7 ～ 8裂，雄蕊8 ～ 10。雌花数朵生于枝梢。坚果卵圆形。壳斗杯状，包坚果1/2以上；苞片披针形，向外反曲，红褐色。花期5月，果期9 ～ 10月。

识别要点：叶近无柄，广倒卵形。苞片披针形，红褐色，向外反曲。

生境：多生于低山的干旱阳坡上。

分布：见于北京山区，分布较为普遍。亦分布于东北、河北、山东、陕西、湖北、四川等地。

用途：果实含淀粉，可作为酿酒原料。木材坚硬，可作建筑、枕木、车辆、船舰、矿柱材料。叶可饲养柞蚕。

柞栎总苞和坚果

（八）蒙古栎 *Quercus mongolica* Fisch. ex Turcz.（小叶槲树）

形态：落叶乔木，高达20m。树皮褐色，深纵裂。叶倒卵形或倒卵状长圆形，长7～17cm，宽4～10cm，先端钝圆或急尖，基部耳形，边缘具8～9对波状钝锯齿，幼叶叶脉有毛，侧脉7～11对，叶柄短。雄花序腋生于新枝上；雄花的萼片7～9裂，裂片线形或三角状线形；雄蕊8。雌花1～3朵生于枝梢；雌花的花萼6裂，半圆形。壳斗杯形，包坚果的1/3～1/2，直径1.5～2cm，高0.8～1.5cm；苞片覆瓦状，背面有瘤状突起。果实卵圆形。花期5月，果期9～10月。

识别要点：叶缘具8～9对波状钝锯齿，苞片背面具瘤状突起。

生境：生于海拔1 100m山坡或向阳干燥处。

分布：见于北京门头沟区百花山、昌平区、密云县、平谷区、怀柔区。分布于山东、山西、河北、内蒙古、东北等地。

用途：种子含淀粉，可作为酿酒原料。木材可作建筑用材。树皮和壳斗含鞣质。叶可以养蚕。

蒙古栎叶、总苞和坚果

蒙古栎总苞和坚果

（九）辽东栎 *Quercus wutaishanica* Koidz.(青冈)

形态：落叶乔木。树皮暗灰色，深纵裂，老枝灰褐色，幼枝灰绿色。叶倒卵形或椭圆状卵形，长5～17cm，宽2.5～10cm，顶端圆钝或短渐尖，基部耳形或窄圆形，叶缘有5～7对波状圆齿，幼时沿叶脉有毛，老时无毛，侧脉5～7对，叶柄短。雄花序生于新枝基部，雌花序生于新枝上端叶腋。壳斗浅杯状，包坚果的1/3，直径1.2～1.5cm，长1.7～1.9cm；苞片扁平，无瘤状突起。坚果长卵形，直径1～1.3cm，高1.5～1.9cm，果脐略突起。花期5月，果期9～10月。

识别要点：叶缘具5～7对波状圆齿。苞片扁平，无瘤状突起。

生境：多生于海拔1 200m的山坡杂木林中。

分布：见于北京房山区、延庆县、密云县、怀柔区、平谷区、昌平区等。亦分布于辽宁、河北、山西、河南、山东、陕西、甘肃、四川等地。

用途：种子含淀粉，可作为酿酒原料、饲料或工业用。木材可作建筑用材。叶可以养蚕。

辽东栎叶、总苞和坚果

辽东栎的壳斗和坚果

（十）槲栎*Quercus aliena* Bl.（小叶波罗）

形态：落叶乔木，株高可达20m。树皮暗灰色，呈狭条状纵裂。小枝无毛。叶长椭圆状倒卵形或长圆形，长10～20cm，宽4～9cm，先端钝圆或有凹缺，基部楔形，叶缘具10～15对波状缺刻，侧脉10～15对，叶背密生灰白色星状毛或近光滑，叶柄长1～2.5cm。壳斗杯状，包坚果的1/3，直径1.2～2cm，高1～1.5cm；苞片鳞片状，顶端具尖。坚果球形，直径1.3～1.8cm，高1.5～2.5cm，果脐略隆起。花期4～5月，果期10月。

识别要点：叶缘具10～15对波状缺刻；苞片鳞片状，顶端具尖。

生境：生于阳坡上，常与栓皮栎混生。适应瘠薄土壤，萌发力强。

分布：见于北京房山区上方山、石景山区八大处、门头沟区潭柘寺、平谷区、密云县、延庆县等地。亦分布于河北、江苏、浙江、湖北、湖南、四川、甘肃等省。

用途：种子含淀粉，可酿酒。幼叶可养柞蚕。木材坚硬，可作建筑用料。

槲栎雄柔荑花序

槲栎植株

槲栎果枝

槲栎总苞（壳斗）
和坚果

四、桑科
Moraceae

（十一）柘树 *Cudrania tricuspidata* (Carr.)Bur. （柘桑）

形态：落叶小乔木或灌木。树皮灰褐色。枝光滑，常具较长的硬刺。叶卵形、椭圆形或倒卵形，长3～14cm，宽3～9cm；先端渐尖，基部楔形或圆形，叶全缘或3裂；叶正面深绿色，叶背面浅绿色，幼时两面有稀疏的毛，老时仅背面沿主脉有细毛；叶柄长8～15mm，具毛。雌雄花序均为头状，具短梗，单一或成对腋生。雄花序直径约5cm，雄花的花被片为4，顶端肥厚且内卷，雄蕊4，与花被片对生，中间具退花雌蕊。雌花序中的雌花的花被片4，花柱1。聚花果近球形，直径约2.5cm，红色，肉质；瘦果为宿存的肉质化的花被和苞片所包。花期5～6月，果期9～10月。

识别要点：枝常具硬刺，雌雄花序均为头状。

生境：生于阳光充足的山坡和灌木林中。

分布：见于北京门头沟区潭柘寺、北京植物园、房山区、平谷区。亦分布于华东、中南、辽宁、陕西、甘肃、四川、贵州、云南等地。

用途：聚花果可食或酿酒。柘木白皮为柘树去掉栓皮的树皮或根皮，有补肾固精、凉血舒筋的功能。用于治疗腰疼、遗精、咯血、跌打损伤。茎的韧皮纤维粗糙而拉力强，是很好的造纸原料。木材坚硬致密，可用于制作农具。

柘树花枝

柘树头状雌花序

柘树幼嫩的聚花果

柘树成熟的聚花果

（十二）桑 *Morus alba* L.（白桑、家桑）

形态： 落叶乔木，植株高3～7m。树皮灰褐色，浅纵裂。幼枝有毛或光滑。单叶互生，卵形或宽卵形，长6～15cm，宽5～13cm，先端急尖或钝，基部近心形；叶缘具有锯齿，有时呈不规则分裂；叶表面近光滑，背面脉上有疏毛，脉腋有簇毛；叶柄长1.5～3.5cm，具柔毛；托叶披针形早落。花单性，雌、雄花序均为柔荑花序，雌雄异株。雄花序长1～2.5cm，雌花序长0.5～1.2cm。雄花花被片4，雄蕊与花被片同数且对生，中央具不育雌蕊。雌花花被片4，结果时肉质，常无花柱；柱头2裂，宿存。聚花果（桑椹），长1～2.5cm，成熟时为黑紫色或白色。花期4～5月，果期5～8月。

识别要点： 叶缘具锯齿，有时呈不规则的分裂。

生境： 多生于向阳山坡。

分布： 北京各地常见栽培。我国南北各地均有分布。

桑果枝

　　用途：成熟的聚花果也可生食，也可酿酒；食用部分主要是肉质化的花被（萼片）。桑白皮是桑的干燥根皮，有泻肺平喘、利水消肿的功效，用于治疗肺热喘咳，水肿尿少。桑叶有疏散风热、清肺润燥、清肝明目的功效，用于治疗风热感冒，肺热燥咳，头晕头痛。桑枝具祛风湿、利关节的功效，用于治疗关节酸痛麻木。桑椹有补血滋阴、生津润燥的功效，用于治疗眩晕耳鸣，心悸失眠，须发早白，津伤口渴，内热消渴，血虚便秘。桑叶可饲蚕。木材坚实、细密，可制作各种农具。茎皮纤维为优良的造纸和纺织的原料。

桑雄柔荑花序

桑果枝

（十三）蒙桑 *Morus mongolica*(Bur.)Schneid.
（刺叶桑、岩桑）

形态： 落叶小乔木或灌木，植株高3～8m。树皮灰褐色，光滑，纵裂。单叶，互生，卵形或椭圆状卵形，长8～16cm，宽6～8cm，先端渐尖或尾状渐尖，基部心形，不裂或3～5裂，叶缘有粗锯齿，齿端具刺芒状尖；两面无毛或稍有细毛；叶柄长3～4cm，托叶早落。花单性，雌雄异株。雄花序长约3cm，雌花序长1.5cm。雄花被片4，暗黄色，雄蕊4。雌花被片4，雌蕊由2心皮合生，花柱明显，柱头2裂。聚花果圆柱形，初为红色后变紫黑色。花期4～5月，果期6～7月。

识别要点： 叶缘具粗锯齿，齿端具刺芒状尖。

生境： 生于向阳山坡、平原等。

分布： 见于北京门头沟区百花山、妙峰山和房山区上方山以及昌平区、密云县、平谷区。亦分布于辽宁、河北、内蒙古、山东、山西、河南、湖南、湖北、四川、云南等地。蒙古国和朝鲜也有。

用途： 成熟的聚花果可食，也可酿酒。根皮可入药，具有消炎、利尿的功效。茎皮纤维可造高级纸。

蒙桑雄株的雄柔荑花序

北京野生果树

蒙桑雌株的雌柔荑花序

蒙桑聚花果

（十四）构树*Broussonetia papyrifera* (Linn.)L' Hér. ex Vent.（楮树）

形态：落叶乔木，植株高3～8m。树皮暗灰色，平滑或浅裂。小枝粗壮，密生茸毛。叶宽卵形或长圆状卵形，不裂或不规则的3～5深裂，叶缘有粗锯齿；叶表面具粗糙伏毛，背面被柔毛；叶长7～20cm，宽6～15cm；叶柄长2.5～8cm，密生柔毛。花单性，雌雄异株。雄花序为柔荑花序，腋生，长3～6cm，下垂，花被片4，基部结合，雄蕊4。雌花序为球形头状花序，花序直径约1.2～1.8cm；雌花的苞片棒状，先端有毛；花被管状，顶端3～4齿裂；花柱侧生，丝状。聚花果球形，直径2～3cm，成熟时肉质，红色。花期5～6月，果期9～10月。

识别要点：叶表面具粗糙伏毛，背面被柔毛。

生境：生于山坡或平地，适应性强。

分布：见于北京海淀区金山、昌平区、顺义区、房山区、门头沟区及北海公园等地。亦分布于河北、山东、江苏、浙江、湖北、四川、云南、广东等省。

用途：楮实子为构树的干燥成熟果实，有补肾清肝、明目、健脾利水的功效，用于治疗腰膝酸软、耳鸣、眼花、视力减退、目生翳膜、水肿尿少等。叶和乳汁可擦治癣疮。茎皮纤维为优质的造纸原料。木材黄白色，质轻软，可作箱板和薪炭。

构树雌球形头状花序

构树红色聚花果

构树雄花枝

构树雄柔荑花序

五、 小檗科
Berberidaceae

（十五）细叶小檗*Berberis poiretii* Schneid.
（针雀、三颗针）

形态：灌木，株高1～2m。幼枝紫红色，无毛，明显具棱；老枝灰黄色，表面密生黑色小疣点。叶刺小，通常单一，有3分杈。叶簇生刺腋，倒披针形至狭倒披针形，长1.5～4.5cm，宽5～10mm；先端渐尖，基部渐狭成短柄，边全缘或中上部有少数不明显锯齿；叶表面深绿色，背面淡绿色，脉明显。总状花序，下垂，长3～6cm，具8～15朵花，花梗长3～6mm。小苞片2，披针形。萼片6，花瓣状，排列成2轮。花瓣倒卵形，长约2.5mm，较萼片稍短，近基部具1对长圆形腺体。雄蕊6，短于花瓣；子房圆柱形，无花柱；柱头头状，扁平。浆果，长圆形，鲜红色，长约9mm，内含1种子。花期5～6月，果期8～9月。

识别要点：叶边全缘或中上部有少数不明显锯齿。

生境：生于山地及丘陵坡地、沟边、地埂上。

分布：见于北京海淀区金山和西山、门头沟区百花山及各区、县山地，常见。亦分布于河北、辽宁、吉林、山西、内蒙古等地。

用途：细叶小檗的根及根皮可入药，具有清热燥湿、泻火解毒的功效。用于治疗痢疾，肠炎，黄疸，咽痛，上呼吸道感染，目赤，急性中耳炎。

细叶小檗的果枝，浆果鲜红色

（十六）大叶小檗 *Berberis amurensis* Rupr.
（黄芦木）

形态：灌木，株高2 ~ 3m。幼枝灰黄色，老枝灰色，表面具纵条裂。叶刺3分杈，长1 ~ 3mm。叶纸质，倒卵状椭圆形、卵形或椭圆形，长3 ~ 8cm，宽2 ~ 4cm，先端急尖或钝，基部渐狭，边缘密生细锯齿；叶表面暗绿色，背面浅绿色，有时被白粉；叶柄长5 ~ 15mm。总状花序，下垂，长4 ~ 10cm，具10 ~ 25花。花淡黄色，花梗长5 ~ 10cm。萼片6，2轮，长4 ~ 6mm。花瓣6，长卵形，微短于花萼，近基部具1对腺体。雄蕊6。子房宽卵形，柱头头状，扁平，具2胚珠。浆果，椭圆形，红色，长6 ~ 7mm。花期5 ~ 6月，果期8 ~ 9月。

识别要点：叶边缘密生细锯齿。

生境：生于山坡灌丛或林缘。

分布：见于北京各区、县山地。亦分布于东北、内蒙古、河北、山东、山西、陕西等地。

用途：根皮和茎皮含小檗碱、小檗胺、药根碱等生物碱，供药用，可提取黄连素，具有清热燥湿、泻火解毒的功效，治痢疾、肠炎。

大叶小檗的果枝，浆果红色

六、 木兰科
Magnoliaceae

（十七）五味子*Schisandra chinensis*（Turcz.）Baill.（北五味子）

形态：落叶木质藤本。小枝褐色，全株近无毛。单叶互生，叶柄长2～4.5cm；叶倒卵形、宽卵形或椭圆形，长5～10cm，宽3～5cm；顶端急尖或渐尖，基部楔形，边缘具腺状细齿；叶表面光滑无毛，背面叶脉上嫩时有短柔毛。花单性，雌雄异株，花单生或簇生于叶腋，花梗细长；花被片6～9片，乳白色或粉红色；雄花有雄蕊5枚；雌花的雌蕊群椭圆形，有17～49个离生的心皮，覆瓦状排列在花托上。开花后期，花托逐渐延长，果熟时呈穗状聚合果。浆果，肉质，直径约5mm，紫红色。种子肾形，淡橙色，有光泽。花期5～6月，果期8～9月。

五味子花枝

识别要点：落叶木质藤本。

生境：生于山地灌丛中。

分布：见于北京平谷区、密云县、怀柔区、延庆县、昌平区、海淀区金山、门头沟区和房山区。亦分布于东北、华北、湖南、湖北、四川、江西等地。

用途：果实有收敛固涩、益气生津、补肾宁心的功效，用于治疗肺虚咳喘、久泻不止、自汗、盗汗、津伤口渴、短气脉虚、心悸失眠及无黄疸型肝炎等症。茎、叶及果实可提取芳香油。种子油可作润滑油。

五味子花

五味子落叶后的茎

七、 茶藨子科
Ribesiaceae

（十八）东北茶藨子 *Ribes mandshuricum* (Maxim.) Kom.（山麻子）

形态：落叶灌木，株高1～2m。枝灰褐色，光亮，剥裂。叶大，叶柄长3～8cm，有短柔毛。叶片掌状3裂，长和宽均为4～10cm，中裂片较侧裂片为长，基部心脏形，先端长锐尖，边缘有尖锐齿牙；表面绿色，散生白色细柔毛，背面淡绿色，密生白色茸毛。总状花序，长3～10（16）cm；花序轴粗，具

东北茶藨子植株

密毛，初直立后下垂；花多达40朵。花梗短，长1～2mm。花两性，萼管短钟状，萼裂片5，反卷，长2～2.5mm，黄绿色。花瓣5，楔形，绿黄色。雄蕊5，伸出。花盘有5个明显的乳头状腺体。花柱2裂，基部圆锥状，比萼片长。浆果，球形，直径7～9mm，红色。花期5～6月，果期7～8月。

识别要点：叶大，掌状3裂，长、宽均为4～10cm。

生境：生于山地杂木林中或山谷林下。

分布：见于北京门头沟区百花山和小龙门、密云县坡头。亦分布于东北、河北、山西、陕西、甘肃等地。朝鲜和俄罗斯也有分布。

用途：果肉味酸可食，并可制果酱或酿酒。种子可榨油。

东北茶藨子花枝

东北茶藨子总状花序

东北茶藨子果序，浆果红色

（十九）瘤糖茶藨子 *Ribes emodense* Rehd. var. *verruculosum* Rehd.

形态：落叶灌木，植株高 1 ~ 2m。小枝红褐色，老枝灰褐色，树皮剥落。叶掌状 5 裂，偶 3 裂，宽卵形，长、宽均为 3 ~ 5.5cm，先端渐尖，基部心形，边缘具不整齐重锯齿，表面光滑，背面基部脉腋间具长柔毛；叶柄细，长 1.5 ~ 3.5cm，基部疏生腺状柔毛；叶背脉上及叶柄上具疣状物。总状花序，长 2.5 ~ 4cm，最长可达 10cm。花轴微被短柔毛；花柄短，长约 1mm。苞片卵形，长约 1mm。花两性，绿色带紫色。萼管钟形，裂片 5，倒卵形，被短纤毛。花瓣小，细长，先端截形，长约 2mm，光滑。雄蕊 5，与萼裂片对生。花柱 2 裂。浆果球形，红色，径约 8mm。花期 4 ~ 5 月，果期 7 月。

识别要点：叶背脉上及叶柄上具疣状物。

生境：生于山地灌丛、林缘及沟谷。

分布：见于北京门头沟区百花山、密云县坡头等地。亦分布于河北、山西、陕西、甘肃、湖北、四川等省。

用途：果实可食用，也可以酿酒。

瘤糖茶藨子花

瘤糖茶藨子花枝

瘤糖茶藨子果序

瘤糖茶藨子浆果球形、红色

（二十）小叶茶藨子 *Ribes pulchellum* Turcz.（美丽茶藨子）

形态： 落叶灌木，株高1～2m。老枝灰褐色，稍纵向剥裂。小枝红褐色，有光泽，密生短柔毛。通常在叶基部具1对刺，1长1短，长刺长约1.5cm，短刺长约1cm。叶宽卵形或卵形，掌状3深裂，长和宽均为1～3cm，裂片尖或钝，基部截形或心形，边缘具粗锯齿；表面暗绿色，具短硬毛，背面色淡，沿叶脉和叶缘具毛，基部脉腋间较密；叶柄长5～18mm，具短柔毛和腺毛。花雌雄异株。总状花序生于短枝上，总花梗、花柄和苞片上被短柔毛，并疏生腺毛。花带红色。萼管浅碟形，裂片5，卵形，长约1.5mm。花瓣5，鳞片状，极小，长约5mm。子房下位，近球形，花柱2裂。浆果红色，近球形，直径5～9mm。果序长约3cm，疏生3～6个果实。花期5～6月，果期7～8月。

小叶茶藨子浆果红色

识别要点：通常在叶基部具1对刺。

生境：生于山地灌丛、山坡或沟谷。

分布：见于海拔1 200m的北京门头沟区百花山。分布于东北、河北、山西、内蒙古、甘肃、新疆等地。

用途：果可食用，也可作为观赏灌木。木材坚硬，可制手杖等。

小叶茶藨子果实形状

（二十一）刺梨*Ribes burejense* Fr.Schmidt.
（刺果茶藨子、刺李）

形态：落叶灌木，植株高约1m。老枝灰褐色，剥裂；小枝黄灰色，密生不等的细刺。叶圆形或宽卵形，掌状3～5深裂，长1.5～4cm，宽1～5cm，基部心形或截形，裂片先端锐尖，边缘具圆齿牙，两面及边缘疏生短柔毛。花两性，常单生或2朵生叶腋，蔷薇色，大型。花梗疏生腺毛。苞片具微毛，边缘有锯齿。萼管钟状，外面密被柔毛，裂片5，长圆形，宿存。花瓣5，菱形。雄蕊5。花柱端2裂，子房有刺毛。浆果黄绿色，径1～1.5cm，具黄褐色长刺。花期5～6月，果期7～8月。

识别要点：小枝密生不等的细刺，浆果具黄褐色长刺。

生境：生于山地溪流边或林中。

分布：见于北京门头沟区百花山。亦分布于东北、河北、山西、陕西等地。

用途：果实富含维生素C，可食。

刺梨花

刺梨花枝

北京野生果树

刺梨浆果

刺梨果枝上的刺

刺梨刺和浆果

八、 蔷薇科
Rosaceae

（二十二）西北栒子 *Cotoneaster zabelli* Schneid.

形态：落叶灌木，株高2m。小枝深红褐色，老时无毛。叶卵形或长圆形，长1～2cm，宽1～1.5cm，先端圆钝，有时微凹，稍有突尖，基部圆形或宽楔形，全缘，表面光滑，背面密生灰黄色茸毛；叶柄短，长1～3mm，有茸毛。花3～13朵，成下垂的聚伞花序。总梗及花梗被柔毛。萼筒钟状，外面有柔毛；萼片三角形，先端圆钝，或有突尖，外面有柔毛。花瓣浅红色，雄蕊18～20，花柱2。果实倒卵形，长4～5mm，鲜红色，具微柔毛，常有2小核。花期5～6月，果期8～9月。

西北栒子叶和果实

识别要点：叶下面密生灰黄色茸毛。

生境：生于山坡或杂木林中。

分布：见于北京门头沟区百花山。亦分布于山西、河北、山东、河南、陕西、甘肃、宁夏、青海、湖北、湖南等地。

用途：果可食用。

西北栒子叶背面

（二十三）水栒子 *Cotoeaster multiflorus* Bge.
（多花栒子）

形态：落叶灌木，植株高4m。小枝红褐色或棕褐色，无毛。叶卵形或宽卵形，长3～4.5cm，宽2～2.5cm，先端圆钝，有时微凹或具突尖，基部宽楔形；叶正面无毛，背面幼时被毛，老时脱落；叶柄较长，长3～8mm，幼时有毛，老时脱落。花多朵，5～21朵，为疏散的聚伞花序；总梗及花梗无毛。花直径1～1.2cm；萼筒钟状，外面无毛；萼片三角形，内外皆无毛；花瓣白色，雄蕊约20，花柱通常2，离生。果实多为近球形，直径6～8mm，红色，内有2小核。花期5～6月，果期8～9月。

识别要点：叶背面幼时被毛，老时脱落。

生境：生于海拔1 200～2 600m的山谷、沟谷杂木林中。

水栒子植株

分布：见于北京延庆县海陀山。亦分布于东北、河北、内蒙古、山西、河南、陕西、甘肃、青海、四川、云南、西藏。俄罗斯及亚洲中部也有分布。

用途：果可食用。可以作为观赏植物，也可以用作苹果的矮化砧木。

水栒子果枝

水栒子果实

（二十四）甘肃山楂 *Crataegus kansuensis* Wils.

形态：落叶灌木或乔木。株高4～8m，常有刺。小枝紫褐色，无毛。叶宽卵形，长4～6cm，宽3～4cm，先端急尖，基部圆形、截形或宽楔形，边缘有3～5对浅裂片和不规则的重锯齿，表面有稀疏柔毛，背面仅中脉及脉腋处有毛；叶柄长1.8～2.5cm，无毛；托叶半圆形或披针形，有粗腺齿。伞房花序，有花8～18朵，总梗及花梗无毛，花直径8～10mm。萼筒钟状，外面无毛。萼片三角状卵形，内外皆无毛。花瓣白色，雄蕊15～20，花柱2～3。果实近球形，直径8～10mm，红色或橘黄色，萼片宿存；小核2～3。花期5月，果期7～8月。

识别要点：叶浅裂或不分裂。

生境：生于海拔1 000～2 600m杂木林中、山坡阴处和山坡旁。

分布：见于北京延庆县海陀山、门头沟区东灵山。分布于河北、山西、陕西、甘肃、四川、贵州等地。

用途：果可食用。

甘肃山楂果实和枝刺

甘肃山楂果实

甘肃山楂花

（二十五）山楂 *Crataegus pinnatifida* Bge.

形态：落叶乔木，植株高6m。有刺，稀有无刺者。小枝紫褐色，老枝灰褐色。叶宽卵形或三角状卵形，长6～10cm，宽4～7cm，先端渐尖，基部楔形或宽楔形，通常有3～5对羽状深裂片，裂片卵形至卵状披针形，边缘有稀疏不规则的重锯齿，叶表面无毛，背面沿中脉和脉腋处有毛；叶柄长2～6cm，有毛或无毛；托叶不规则半圆形或卵形，缘有粗齿。伞房花序，多花，总梗及花梗皆有毛。萼筒钟状，外面被白色柔毛。萼片三角状卵形至披针形，内外皆无毛。花直径约1.5cm，花瓣白色，雄蕊20，花柱3～5，基部有柔毛。果实近球形，直径1～1.5cm，深红色，有浅色斑点，萼片宿存。花期5～6月，果期9～10月。

识别要点：叶羽状深裂。

山楂果实

生境：生长于海拔100～1 500m山坡林边或灌木丛中。

分布：北京西北部山区有野生或栽培，相当普遍。分布于黑龙江、辽宁、内蒙古、河北、河南、山东、山西、江苏等地。朝鲜和俄罗斯西伯利亚地区也有分布。

用途：果实味酸，可做果酱或蜜制。果干后入药，有消积化滞、健胃舒气和降血压、血脂的功效。用于治疗肉食积滞，脘腹胀痛，小儿乳积，痢疾，泄泻，痛经，产后瘀血腹痛，疝气，高血脂症。

山楂伞房花序

（二十六）水榆花楸 *Sorbus alnifolia* (Sieb. et Zucc.)Koch（粘枣子）

形态：落叶乔木，植株高可达20m。小枝暗红褐色，老枝暗灰褐色，无毛。冬芽卵形，外具数枚暗红褐色无毛鳞片。叶片卵形至椭圆状卵形，长5～10cm，宽3～9cm，先端短渐尖，基部宽楔形至圆形，边缘有不整齐的尖锐重锯齿，叶两面无毛；叶柄长2～3cm，无毛。复伞房花序，疏松，具花6～25朵，总梗及花梗具稀柔毛。萼筒钟状，外面无毛，内面近无毛；萼片三角形，外面无毛，内面密生白色茸毛。花直径10～14mm，花瓣白色，雄蕊20，花柱2，基部或中部以下合生，光滑无毛。果实椭圆形或卵形，长1cm，红色或黄色，2室，萼片脱落后果实先端残留圆斑。花期5月，果期8～9月。

水榆花楸复伞房花序

水榆花楸花枝

识别要点：单叶，叶缘有锯齿或浅裂片。果实无宿存的萼片。

生境：生于海拔500～2 300m山地、山沟杂木林或灌丛中。

分布：见于北京昌平区南口。分布于东北、河北、河南、陕西、甘肃、山东、安徽、湖北、江西、浙江、四川等地。朝鲜和日本也有分布。

用途：果可食用。

水榆花楸果枝

水榆花楸果实

（二十七）花楸树 *Sorbus pohuashanensis* (Hance) Hedl.（百花花楸）

形态：乔木，植株高8m。小枝灰褐色，老枝无毛。冬芽大，长圆形，具数枚黑褐色鳞片，外被灰白色茸毛。奇数羽状复叶，连叶柄长12～20cm，叶柄长2.5～5cm；小叶5～7对，卵状披针形至长披针形，长3～7cm，宽1.4～1.8cm，先端渐尖，基部圆形，偏斜，边缘有细锯齿，有时具重锯齿，表面无毛，背面苍白色，有稀疏或沿中脉有密集的柔毛。托叶宿存，近半圆形，宽1cm，有粗大的锯齿。复伞房花序，具较密集的花，总梗及花梗皆密被白色茸毛。萼筒钟状，外面有毛或近无毛；萼片三角形，内外密生茸毛。花瓣白色，雄蕊20，花柱3，基部有短柔毛。果实近球形，直径6～8cm，红色或橘红色，具有闭合萼片。花期6月，果期9～10月。

花楸树果枝

识别要点：奇数羽状复叶。

生境：生于海拔900～2 500m山坡和山谷杂木林中。

分布：见于北京门头沟区百花山、怀柔区、密云县坡头。亦分布于东北、河北、内蒙古、山西、山东、甘肃等地。

用途：果实有健胃补虚的功效，用于治疗胃炎，维生素A、维生素C缺乏症，水肿等。茎皮有镇咳祛痰、健脾利水的功效，用于治疗慢性气管炎，肺结核，哮喘，咳嗽，水肿。树形美观，秋季红叶、红果满树，可栽培于庭院供观赏。

花楸树花枝

花楸树复伞房花序

（二十八）杜梨*Pyrus betulifolia* Bge.

形态：落叶乔木，株高10m。枝常具刺。小枝老时无毛，或具稀疏毛，紫褐色。叶菱状卵形至长圆形，长4～8cm，宽2.5～3.5cm，先端渐尖，基部宽楔形，稀有近圆形，边缘有粗锯齿，无芒，叶表面老时无毛，背面微被茸毛；叶柄长2～3cm，有白色茸毛。伞形总状花序，有花10～15朵，总梗及花梗均被白色茸毛。萼筒外密被白色茸毛，萼片三角形，内外密被茸毛。花瓣白色，花柱2～3。果实近球形，小，直径5～10mm，褐色，有淡色斑点，萼片脱落。花期4月，果期8～9月。

识别要点：果实极小，直径5～10mm。

生境：生于海拔500～1 800m平原或山坡向阳处，耐旱，耐寒。

杜梨植株

　　分布：见于北京房山区上方山，海淀区金山、西山、卧佛寺，昌平区十三陵。分布于辽宁、河北、河南、山东、山西、陕西、甘肃、湖北、江苏、安徽、江西等地。

　　用途：果实小，品质不佳，不宜食，通常作各种栽培梨的砧木，结果期早，寿命长。木材致密可制作各种器物。树皮含鞣质，可提制栲胶并入药。

杜梨的伞形总状花序

杜梨果序

（二十九）山荆子*Malus baccata* (L.)Borkh. （山定子）

形态：落叶乔木，植株高10m。幼枝细弱，无毛，红褐色。叶椭圆形或卵形，长3～8cm，宽2～3.5cm，先端渐尖，稀有具尾尖者，基部楔形或近圆形，边缘具细锯齿，叶两面无毛；叶柄长2～5cm，无毛。伞形花序，有花4～6朵，无总梗，花集生于小枝顶端。花梗细长，长1.5～4cm，无毛。花直径3～3.5cm，花瓣白色。雄蕊15～20。花柱5，基部有长毛。萼筒外面无毛，萼片披针形，外面无毛，内面密被茸毛，长于萼筒。果实近球形，直径8～10mm，红色或黄色，果梗长3～4cm。萼洼微凹，萼片脱落。花期4～5月，果期8～9月。

山荆子植株

北京野生果树

识别要点：叶两面无毛。

生境：生于海拔1 000 ～ 2 100m的山坡杂木林中及山谷灌丛中。

分布：见于北京门头沟区百花山、延庆县三堡。亦分布于黑龙江、内蒙古、河北、山西、陕西、甘肃等地。蒙古国、朝鲜、俄罗斯西伯利亚地区也有分布。

用途：果实不能食。耐寒力强，结果多，苗圃种植作苹果和花红的砧木。另外，也可以作观赏树木。

山荆子花序

山荆子果序

山荆子果实

（三十）毛山荆子 *Malus mandshurica* Kom.

形态：乔木，株高 5 ~ 8m。小枝幼时被短柔毛，老时脱落，褐色。叶卵形、椭圆形至倒卵形，长 5 ~ 8cm，先端急尖或渐尖，基部楔形或近圆形，边缘具细锯齿，下部锯齿浅钝，近于全缘，表面光滑，背面中脉及侧脉上具短柔毛；叶柄长 3 ~ 4cm，具稀疏短柔毛。伞形花序，具花 3 ~ 6 朵，无总梗，花簇生于小枝顶端。花梗长 3 ~ 5cm，有稀疏短柔毛。花直径 3 ~ 3.5cm。萼筒外面有稀疏短柔毛；萼片披针形，先端渐尖，内面被柔毛，比萼筒稍长。花瓣白色，雄蕊 20，花柱 4，基部具茸毛。果实椭圆形或倒卵形，直径 8 ~ 12mm，红色，萼洼微凹；萼片脱落；果梗长 3 ~ 5cm。花期 5 ~ 6 月，果期 8 ~ 9 月。

识别要点：叶背面中脉及侧脉上具短柔毛。

生境：生于山坡杂木林中。

分布：北京见于门头沟区百花山、怀柔区。亦分布于东北、河北、内蒙古、山西、陕西、甘肃等地。

用途：本种同山荆子，苗圃栽培作苹果等的砧木。

毛山荆子花侧面

毛山荆子花枝

（三十一）楸子*Malus prunifolia* (Willd.)Borkh.

形态：落叶小乔木，株高3～8m。小枝嫩时密被短柔毛；老枝灰紫色，无毛。叶卵形或椭圆形，长5～9cm，宽4～5cm，先端急尖或渐尖，基部宽楔形，边缘有细锐锯齿，幼叶两面有稀疏柔毛，老时叶表面光滑，背面沿中脉有短柔毛或近无毛，叶柄长1～1.5cm，老时光滑。伞形花序，有花4～10朵。花梗长2～3.5cm，被短柔毛。花直径4～5cm。萼筒外面被柔毛，萼片披针形或三角状披针形，两面皆有毛，比萼筒长。花瓣白色，花蕾时粉红色，雄蕊20，花柱4，基部有长毛。果实卵形，直径2～2.5cm，红色，先端稍具突起，萼洼微突；萼片宿存，肥厚；果梗细长。花期4～5月，果期8～9月。

识别要点：果实卵形，直径2～2.5cm。

生境：生于海拔500～1 300m的山坡杂木林中及山谷灌丛中。

分布：见于北京延庆县海陀山。亦分布于辽宁、内蒙古、山东、河北、山西、河南、陕西、甘肃等地。

用途：果味酸甜，可生食或蜜制。幼苗可作苹果的砧木，抗寒、抗旱、耐湿。

楸子花

楸子植株

楸子单花正面

楸子果枝

（三十二）美蔷薇*Rosa bella* Rehd.et Wils.

形态：落叶直立灌木，株高1～3m。小枝有散生的细直皮刺，托叶下常有1对较粗壮的针刺。羽状复叶，小叶7(5)～9(11)，长椭圆形或卵形，长1～2cm，宽0.5～1.5cm；先端急尖，稀为圆钝，基部楔形或近圆形，边缘有尖锐锯齿；叶背面灰绿色，无毛，网脉明显，沿中脉有腺体和稀疏小皮刺。叶柄和叶轴有腺毛和柔毛，有时有小皮刺。托叶宽，大部与叶柄连生，边缘有腺毛。花单生，或2～3朵聚生，直径4～5cm，芳香。花梗长5～10mm，与萼筒具腺毛。萼片披针形，先端尾尖，具柔毛及腺毛。花瓣粉红色，宽倒卵形，花柱不伸至萼筒口外。蔷薇果，椭圆形，长1.5～2cm，深红色，具腺毛，顶端渐细略成短颈，果梗有腺毛，萼片宿存。花期5～7月，果期8～9月。

美蔷薇花侧面

美蔷薇植株

识别要点：托叶下常有1对较粗壮的针刺。

生境：生于海拔1 700m的山坡疏林中。

分布：见于北京房山区、平谷区、门头沟区百花山、怀柔区。北京公园偶有移栽。亦分布于河北、山西、内蒙古、山东等地。

用途：果实可以生食。果能养血活血，可治疗高血压和头晕等症。花能理气、活血、调经、健胃。花可以提取芳香油并制成鲜花酱。

美蔷薇果枝

美蔷薇果实

（三十三）腺果大叶蔷薇*Rosa macrophylla* Lindl. var.*glandulosa* Liou

形态：本变种的果及果梗密生具柄的腺毛。

识别要点：本变种与美蔷薇（*R. bella*）极为相似，唯叶较大，背面绿色，无白霜，微具短柔毛，叶脉不明显；托叶下常可见有1对皮刺，可资区别。

生境：生于海拔800～2 400m的山坡疏林中。

分布：见于北京密云县坡头。亦分布在东北和河北。

用途：果可以生食。

注：据原记载，本变种的果及果梗密生具柄的腺毛，但中国科学院北京植物所所存标本，定为原种。现暂依《东北木本植物图志》（刘慎谔，1953）定名。

腺果大叶蔷薇果枝

（三十四）牛迭肚 *Rubus crataegifolius* Bge.
（山楂叶悬钩子）

形态：落叶灌木，株高2～3m。茎直立，近顶部分枝。小枝红褐色，有棱，幼时有柔毛，具钩状皮刺。单叶，互生，宽卵形至近圆形，长5～15cm，宽4～13cm，3～5掌状浅裂或中裂，基部心形或近截形，裂片卵形或长圆状卵形，先端渐尖，边缘有不整齐的粗锯齿，背面沿脉有柔毛及小皮刺。叶柄长2～5cm，散生小钩刺。托叶条形，长5～8mm，与叶柄连生；花枝上的托叶较小，常3裂。花2～6朵聚生枝顶或为短伞房花序。花梗长5～10mm，有柔毛。花直径1～1.5cm。萼片卵圆形，先端渐尖，反折。花瓣白色，椭圆形，先端圆钝。聚合果，近球形，直径约1cm，红色。花期5～7月，果期7～9月。

识别要点：单叶，3～5掌状浅裂或中裂。

生境：生于海拔300～2 500m的山坡、林缘和砍伐迹地，常成片分布。

牛迭肚花枝

　　分布：见于北京门头沟区百花山、房山区上方山、昌平区南口、密云县。亦分布于东北、河北、山西、内蒙古、山东等地。日本也有分布。

　　用途：果实味酸甜可食。入药，可补肝肾、缩小便。

牛迭肚花正面

牛迭肚果枝

牛迭肚聚合果

牛迭肚聚花果（放大）

（三十五）华北覆盆子*Rubus idaeus* L. var. *borealisinensis* Yü et Lu

形态：落叶灌木，株高1～2m，茎直立。幼枝红褐色，无刺或少刺，有短柔毛。奇数羽状复叶，小叶3，稀为5。叶卵形或椭圆形，长2～10cm，宽1.5～5cm，先端短或长渐尖，基部圆形或近心形，边缘有粗重锯齿，叶表面散生柔毛或无毛，背面具白色茸毛，脉上有钩状小皮刺。顶生小叶大，具柄。侧生小叶小，近无柄。叶柄长2～5cm，有小皮刺或无刺。托叶条形，长5～8mm。总状或圆锥花序，顶生，在其下部常有腋生单花或较小的总状花序；总花梗及花梗和萼片外面均疏生腺毛和刺毛。花梗长2～2.5cm。花直径约1.5cm。萼片卵状披针形，先端尾尖。花瓣白色，稍短于萼片，心皮密被灰白色茸毛。果实近球形，直径1～1.2cm，红色，有茸毛。花期6～7月，果期8～9月。

华北覆盆子植株

识别要点：落叶灌木，叶背面具白色茸毛。

生境：生于山坡、灌丛、林缘、山谷阴处。

分布：北京见于门头沟区百花山和东灵山、房山区、密云县。亦分布于河北、山西、内蒙古等地。

用途：果可鲜食或制成果酱。

华北覆盆子果枝

华北覆盆子花蕾

（三十六）石生悬钩子 *Rubus saxatilis* L.

形态：多年生草本，株高20～50cm。茎有短柔毛和小的针状皮刺，有时有腺毛。奇数羽状复叶，小叶3，菱状卵圆形，长4～8cm，宽2～6cm，先端急尖，基部楔形，顶生小叶有长叶柄，侧生小叶具极短叶柄，边缘具缺刻状重锯齿，两面有短柔毛。叶柄长7.5cm，具短柔毛和刺毛。托叶离生，卵圆形至线状披针形。总状花序短，顶生，有花3～10朵，有时1～2朵花生于腋内枝上。花梗和花萼具短柔毛。萼片三角状披针形，反折。花瓣白色，直立，与萼片等长。雄蕊多数，长于花柱。心皮4～6，离生，无毛。聚合果，有小核果2～5，红色；果核长圆形，表面有蜂巢状孔穴。花期5～7月，果期7～8月。

识别要点：多年生草本，奇数羽状复叶。

生境：生于海拔2 700m林下、草甸、灌丛中。

分布：见于北京门头沟区东灵山、百花山及密云县。分布于黑龙江、山西、河北、内蒙古、新疆等地。日本、俄罗斯、印度、西欧、北美洲也有分布。

用途：果实味酸甜可食。

石生悬钩子植株

石生悬钩子花

石生悬钩子果枝

石生悬钩子的果实

（三十七）野杏*Armeniaca vulgaris* Lam. var. *ansu* Maxim.（山杏、安杏）

形态：落叶乔木，株高可达10m。小枝褐色或红紫色，有光泽，通常无毛。叶片卵圆形或近圆形，长5～9cm，宽4～5cm；先端具短尾尖，稀具长尾尖，基部圆形或渐狭，边缘具钝锯齿，两面无毛或仅在脉腋处具毛；叶柄长2～3cm，近顶端处常有2腺体。花2朵并生稀为3朵簇生，无梗或具极短梗，先叶开放，直径2～3cm。萼筒圆筒形，基部被短柔毛，紫红色或绿色；萼片卵圆形至椭圆形，花后反折。花瓣白色或浅粉红色。雄蕊多数。心皮1，有短柔毛。核果密被茸毛，红色或橙红色，果核网纹明显，背棱锐，直径约2cm。花期4月，果期6～7月。

识别要点：花2朵并生，稀为3朵簇生；唯核果密被茸毛，红色或橙红色，果核网纹明显，背棱锐。

生境：山坡。

分布：北京远郊区常见野生或栽培。

野杏花花蕾

　　用途：果肉不能吃。杏仁味苦，可榨油或药用，有小毒，具有降气、止咳平喘、润肠通便的功效，用于治疗咳嗽、气喘、胸满痰多、血虚津枯、肠燥便秘等症。

野杏花

野杏花

（三十八）西伯利亚杏 *Prunus sibirica* L.（山杏）

形态： 落叶小乔木或灌木，株高2～3m。小枝灰褐色或淡红褐色，常无毛。叶卵圆形，长4～7cm，宽3～5cm，先端具长尾尖，基部圆形或近心形，边缘具细锯齿，两面无毛或沿叶脉微被短柔毛；叶柄长2～3cm，有腺体或无。花单生，近无柄，直径1.5～2cm。萼筒圆筒形，微具柔毛或无毛；萼片长椭圆形，花后反折。花瓣白色或粉红色，雄蕊多数，子房被短柔毛。核果，球形，直径不超过2.5cm，黄色而具红晕，被短柔毛。果皮较薄而干燥，成熟时开裂。果核平滑，腹棱明显而尖锐，背棱喙状突起。种子味苦。花期3～5月，果期7～8月。

识别要点： 果皮较薄而干燥，成熟时开裂。

生境： 生于海拔800～2 000m的向阳坡地，极为普遍。

分布： 见于北京西部、北部郊区各县。亦分布于东北、华北等地。蒙古和俄罗斯也有分布。

用途： 耐寒性强，可作杏的砧木。杏仁味苦，可入药，也可榨油供食用。

西伯利亚杏植株

西伯利亚杏花

西伯利亚杏果枝

西伯利亚杏果实

（三十九）山桃*Prunus davidiana* (Carr.) Franch.

　　形态：落叶乔木，株高可达10m。树皮暗紫色，光滑有光泽。嫩枝无毛。叶片卵圆状披针形，长6～10cm，宽1.5～3cm，先端长渐尖，基部楔形，边缘具细锐锯齿，两面平滑无毛；叶柄长1～2cm，常无毛，稀有具腺点。花单生，先叶开放，近无梗，直径2～3cm。萼筒钟形，无毛；萼片卵圆形。花瓣白色或浅粉红色，雄蕊多数，子房被毛。核果球形，直径约2cm，有沟，具毛。果肉干燥，离核。果核小，球形，有凹沟。花期3～4月，果期7月。

　　识别要点：叶片披针形。

　　生境：生于海拔800～2 600m的向阳坡地或林缘。

　　分布：见于北京门头沟区百花山和潭柘寺、房山区、海淀区西山和金山。北京各公园和庭院多有栽培。亦分布于黑龙江、山东、河南、贵州、四川、云南等地。

　　用途：桃仁有活血、祛瘀、润肠通便的功效，用于治疗痛经、闭经、腹部肿块、跌打损伤、肺痈、肠燥便秘等症。

山桃花枝

山桃果枝

山桃果实

（四十）榆叶梅*Prunus triloba* Lindl.

形态：落叶灌木，稀为小乔木，株高2～5m，嫩枝无毛或微被毛。叶宽卵形至倒卵圆形，长2.5～6cm，宽1.5～3cm，先端渐尖，常3裂，基部宽楔形，边缘具粗重锯齿，表面疏被毛或无毛，背面被短柔毛；叶柄长5～8mm，有短柔毛。花1～2朵，先叶开放，直径2～3cm。萼筒广钟形，微被毛或无毛。萼

榆叶梅花枝

榆叶梅花期

片卵圆形或卵状三角形，有细锯齿。花瓣粉红色，雄蕊20，子房密被短茸毛。核果，近球形，红色，被毛，直径1～1.5cm。果肉薄，成熟时开裂。果核具厚硬壳，壳面有皱纹。花期3～4月，果期5～6月。

识别要点：叶先端渐尖，常3裂。

生境：生于山坡或林缘。

分布：见于北京门头沟区百花山、房山区上方山及怀柔区。北京各公园普遍栽培，作为观赏植物。分布于黑龙江、河北、山西、山东、浙江等地。

用途：种子有缓泻、利尿、消肿的功效，用于治疗大便秘结、水肿、小便不利等症。

榆叶梅果枝

榆叶梅果实

（四十一）欧李 *Prunus humilis* Bge.

形态：落叶灌木，株高1～1.5m，分枝多，嫩枝被短柔毛。芽3，并生，中间芽为叶芽，两侧芽为花芽。叶长圆状倒卵形至长圆状披针形，长2.5～4cm，宽1～2cm，先端急尖，基部楔形，边缘具细锯齿，叶柄极短。花1～2朵，与叶同时开放，直径1～2cm；花梗长0.8～1.3cm，被稀柔毛。萼筒钟状，无毛或微具毛；萼片三角形，先端急尖，花后反折。花瓣淡红色，子房无毛。核果，近球形，直径1～1.5cm，鲜红色，有光泽，味酸，果梗长约1cm。花期5月，果期7～8月。

欧李花期

识别要点：叶两面无毛，网脉较浅。

生境：生于海拔800～1 800m的干燥山坡和灌丛中。

分布：见于北京门头沟区百花山和妙峰山、海淀区西山和金山、昌平区南口。亦分布于东北、河北、内蒙古、河南、山东、江西、四川等地。

用途：郁李仁为欧李的种子，有润燥滑肠、下气、利尿的功效，用于治疗津枯肠燥、食积气滞、腹胀、便秘、水肿、脚气、小便不利等症。

欧李果枝

欧李果实

（四十二）毛樱桃*Prunus tomentosa* Thunb.（山豆子）

形态：落叶灌木，株高2～3m，嫩枝密被茸毛。芽通常3枚并生，中间为叶芽，两侧为花芽。叶倒卵形至椭圆形，长4～7cm，宽1.5～2.5cm，先端急尖或渐尖，基部楔形，边缘具不整齐锯齿；叶表面有皱纹，被短茸毛，背面密被长茸毛；

毛樱桃花期

毛樱桃花枝

叶柄长3～5mm，被短茸毛。花1～3朵，先于叶或与叶同时开放，直径1.5～2cm；花梗甚短，有短柔毛。萼筒圆筒形，被短柔毛；萼片卵圆形，有锯齿。花瓣白色或浅粉红色，雄蕊多数，子房密被短柔毛。核果，近球形，无沟，有毛或无毛，深红色，近无梗。花期4月，果期5～6月。

识别要点：子房密被短柔毛。

生境：生于海拔100～2 600m的林缘。

分布：见于北京延庆县、海淀区西山、门头沟区妙峰山。北京各公园和庭院常有栽培。亦分布于东北、河北、山东、河南、陕西、甘肃、江苏、云南、西藏等地。

用途：果可鲜食。郁李仁为毛樱桃的干燥成熟种子，有益气、祛风湿的功效，用于治疗瘫痪、四肢不利、风湿腰腿痛、冻疮等。

毛樱桃果枝

（四十三）樱花*Prunus serrulata* Lindl.（山樱桃、山樱花）

形态：落叶乔木，株高17m。嫩枝光滑无毛，稀有微具毛。叶卵圆形、倒卵圆形或椭圆形，长5～9cm，宽3～5cm，先端长渐尖，基部楔形，边缘具有芒锯齿，两面无毛或仅下面沿脉处微具柔毛；叶柄长0.5～1cm，被短柔毛，具2～4腺点。总状花序，具花3～15朵，先叶开放。苞片宿存，篦形至圆形，大小不等，边缘具浅锯齿。花直径2～3cm，花梗长2～2.5cm，无毛。萼筒钟状，无毛，萼片卵圆状披针形，无毛，具细锯齿。花瓣白色或粉红色，雄蕊多数，子房无毛。核果，球形，黑色，直径6～8mm，无沟；果梗长3mm。花期4～5月。

识别要点：叶两面无毛或仅背面沿脉处微具柔毛。

生境：生于山沟、溪旁及杂木林中。

分布：见于北京昌平区南口。亦分布于东北、河北、江苏、浙江、江西、安徽、贵州。

用途：观赏。

樱花植株

（四十四）稠李 *Prunus padus* L.

形态：落叶乔木，株高可达15m，稀为灌木状。嫩枝无毛或被稀疏短柔毛。叶椭圆形、卵形至倒卵形，长6～16cm，宽3～6cm，先端急尖，基部圆形、近心形或宽楔形，边缘有尖锯齿，两面无毛或仅下面脉腋处有毛；叶柄长1～1.5cm，无毛，常有2腺体。总状花序，疏松下垂。花后于叶开放，总梗长10～15cm，花直径1～1.5cm。萼筒杯状，无毛；萼片卵形，花后反折。花瓣白色，雄蕊多数，子房常无毛。核果，球形或卵球形，直径6～8mm，黑色，有光泽；果核具明显皱纹。花期5～6月，果期7～9月。

识别要点：总状花序，10朵以上，疏松下垂。

生境：生于海拔880～2 500m的杂木林阴湿处。

分布：见于北京门头沟区百花山、密云县坡头。亦分布于东北、河北、内蒙古、河南、陕西、山西、甘肃等地。朝鲜、日本和俄罗斯也有分布。

用途：观赏。

稠李花序

稠李植株

稠李花

稠李果实

稠李果实

九、 漆树科
Anacardiaceae

（四十五）黄连木 *Pistacia chinensis* Bge.

形态：落叶乔木，株高 10 ~ 20m。树皮暗褐色，成鳞状剥落。小枝灰棕色，有毛。偶数羽状复叶，互生。小叶 10 ~ 12，披针形至卵状披针形，长 5 ~ 8cm，宽 1.5 ~ 2.5cm，先端渐尖，基部斜楔形，全缘，幼时有毛，后变光滑，两面叶脉上有毛，小叶柄长 1 ~ 3mm，有柔毛；叶柄长 4 ~ 6cm，无毛。花单性，异株，为腋生的圆锥花序。雄花序排列紧密，长 6 ~ 7cm；雄花萼片 2 ~ 4，披针形或线状披针形，长 1 ~ 1.5mm，具缘毛；雄蕊 3 ~ 5，无雌蕊。雌花序排列疏松，长 15 ~ 20cm；雌花萼片 6 ~ 9，长约 1mm。子房球形，花柱短，柱头 3，红色。核果，卵球形，直径约 5mm，初为黄白色，熟时变为红色，有白粉。花期 4 ~ 5 月，果期 7 ~ 9 月。

黄连木植株

识别要点：偶数羽状复叶。

生境：生于山坡疏林中。

分布：见于北京房山区上方山、石景山区八大处、门头沟区潭柘寺等地。亦分布于华北、华东、中南、西南及陕西等地。

用途：木材供制家具及建筑用。叶、树皮及果实可提取烤胶。根、枝、树皮和叶可作农药。叶可提炼芳香油。种子可提取润滑油，亦可食用，风味似板栗。

黄连木果枝

黄连木果实

十、卫矛科
Celastraceae

（四十六）南蛇藤 *Celastrus orbiculatus* Thunb.
（蔓性落霜红）

形态：攀援状灌木。枝红褐色，具皮孔。冬芽卵形，褐色。叶宽椭圆形、倒卵形或近圆形，长6～10cm，宽5～7cm，先端短渐尖、突尖或急尖，有时为圆形，基部宽楔形至圆形，缘具粗锯齿；叶柄长5～25mm。花梗短，花黄绿色。雄花萼片、花瓣和雄蕊均为5，具退化的雌蕊。雌花子房被包在杯状花盘内，花柱细长；柱头3裂，先端各自再2裂。蒴果，球形，直径6～9mm，鲜黄色，熟后3裂。种子红褐色，卵形或长圆形，长4～6mm，有红色的假种皮。花期5月，果期7～9月。

南蛇藤果枝

北京野生果树

识别要点：聚伞花序，顶生或腋生，具5～7朵花。

生境：生于山谷、山坡的灌丛及疏林中。

分布：见于北京海淀区西山和金山、昌平区南口、房山区上方山，北京郊区山地广为分布。亦分布于东北、华北、西北、华东、西南及湖南、湖北等地。

用途：根、茎、叶和果入药，有安神解郁、和血止痛等功效。种子油为工业原料。

南蛇藤果实

南蛇藤花

十一、省沽油科
Staphyleaceae

（四十七）省沽油 *Staphylea bumalda* DC.

形态：落叶灌木或小乔木，株高2～10m。树皮红褐色，一年生小枝深绿色，无毛。奇数羽状复叶，对生，叶柄长2～4cm；托叶小，早落；小叶3。顶生小叶椭圆形或椭圆状卵形，长4～7cm，宽3.5～4cm，先端急尖或短渐尖，基部宽楔形或楔形，缘具细锯齿，齿端有小尖头，表面绿色，背面淡绿色，叶脉上有短毛，下面较密。侧生小叶卵形或斜卵形，较顶生小叶小。圆锥花序，顶生，长5～8cm。萼片5，线状椭圆形或长圆形，长7～8mm，黄白色。花瓣5，白色，线状倒卵形，比萼片长。雄蕊花丝中部以下有毛。子房上部和花柱下部离生，花柱2。蒴果，膀胱状，扁形，顶端2裂，长2～4cm，先端近截形，中间凹陷，基部楔形。种子黄色，有光泽。花期4～5月，果期7～8月。

省沽油植株

识别要点：蒴果，膀胱状。

生境：生于山坡、山谷疏林中。

分布：见于北京房山区上方山等地。亦分布于东北、河北、山西、江苏、安徽、浙江、江西、河南、陕西、湖北等地。

用途：种子油可制肥皂和油漆。木材可制成木钉和筷子。

省沽油花序

省沽油花

省沽油果枝

省沽油果实

十二、无患子科
Sapindaceae

（四十八）文冠果 *Xanthoceras sorbifolia* Bge.

形态：灌木或小乔木，株高8m，小枝光滑。小叶9～17，狭椭圆形至披针形，长3～5cm，缘具锐锯齿。花具细长梗，直径约2cm。总状花序，长15～25cm。花瓣白色，基部具黄变红之斑晕。果实绿色，直径4～5cm。花期4～5月，果期7～8月。

识别要点：花瓣白色，基部具黄变红的斑晕。

生境：生于海拔700～1 500m的向阳山坡或丘陵。

分布：北京野生于西部山区。北京动物园、颐和园、北京师范大学曾有栽培。原产于我国西北部。亦分布于东北、河北、河南、山西、陕西、甘肃等地。

文冠果花期

　　用途： 木材供制家具及建筑用。叶、树皮及果实可提取栲胶。根、枝、树皮和叶可作农药。叶可提炼芳香油。种子油可作润滑油，亦可食用，风味似板栗。种仁含脂肪57.18%、蛋白质29.69%、淀粉9.04%，营养价值很高，是我国北方很有发展前途的木本油料植物。

文冠果花

文冠果果实

文冠果果实开裂

<table>
<tr><td>十三、</td><td>

鼠李科
Rhamnaceae
</td></tr>
</table>

（四十九）拐枣*Hovenia dulcis* Thunb.（北枳椇、金钩梨、甜半夜）

形态：落叶乔木，株高约10m。树皮灰色，外面皱裂。幼枝红褐色，无毛或幼时微被毛。叶互生，广卵形或卵状椭圆形，长10～15cm，宽6～11cm，先端渐尖，基部圆形或心形，边缘有粗锯齿，三出脉；表面暗绿色，无毛，背面绿色，沿叶脉和脉腋有细毛或近无毛；叶柄红褐色，长3～5cm。复聚伞花序，腋生或顶生。花小，淡黄绿色。萼片卵状三角形。花瓣倒卵形，两侧边缘内卷。雄蕊5，对瓣，较花瓣长。子房近球形，花柱短，柱头3裂。核果，球形，径约7mm，不开裂，黑褐色，无毛；熟时果柄肉质，扭曲，红褐色。种子3，扁圆形，暗褐色，有光泽。花期6月，果熟10月。

拐枣花期

识别要点：熟时果柄肉质，扭曲，红褐色。

生境：生于阳光充足的沟边或山谷中。

分布：见于北京房山区上方山、昌平区沟崖。亦分布于华北、华东、中南、西北、西南。日本、朝鲜也有分布。

用途：肥大肉质果柄含糖，可生食和酿酒、制醋。果实入药，为清凉利尿剂。树皮、叶等亦可入药。木材坚硬，纹理美观，可供建筑和制造家具。

拐枣花

拐 枣 花

拐枣果实

（五十）酸枣*Ziziphus jujuba* Mill. var. *spinosa* Hu ex H. F. Chow

形态：灌木或小乔木，株高1～3m。小枝弯曲呈之字形，紫褐色，被柔毛，后变无毛。叶椭圆形、卵形或卵状披针形，长1.5～3.5cm。核果，近球形，直径0.8～1.5cm；核圆形，两端钝。

识别要点：核果近球形。

生境：生于海拔700～1 100m的向阳山坡、山谷的沟边、路旁。

分布：见于北京各区、县。亦分布于东北、河北、内蒙古、山西、陕西、甘肃、新疆、宁夏、山东、江苏、安徽、浙江、河南、湖北、四川、贵州等地。日本也有分布。

用途：果实可食，蜜源植物。果皮入药，可健脾，还可提取维生素C或酿酒。种仁名酸枣仁，有养肝宁心、安神、敛汗的功效，用于治疗神经衰弱，虚烦不眠，惊悸多梦，体虚多汗，津少口渴。核壳可制活性炭。种子又可榨油，含油量50％。在水土流失地区，可作固土、固坡的水土保持树种。

酸枣植株

酸枣花

酸枣果实

（五十一）圆叶鼠李 *Rhamnus globosa* Bge.

形态：灌木，株高1～2m。多分枝，枝端具针刺。小枝细，灰褐色，被短柔毛或近无毛。叶近对生或簇生于短枝上，倒卵形或近圆形，长1～2(4)cm，宽1～2(3)cm，先端突尖，基部宽楔形或近圆形，边缘具疏圆齿状锯齿，表面暗绿色，背面灰绿色，两面均被白色柔毛，侧脉2～3(4)对；叶柄长3～6mm，具柔毛；托叶小，钻形。聚伞花序，腋生。花小，单性，黄绿色，具短柔毛。雄花萼片4，有柔毛。花瓣4，匙形。雄蕊4，较花瓣长，略为花瓣所包，具不育子房。雌花萼片4，三角形，有柔毛；有丝状退化花瓣和雄蕊。子房近球形，柱头2裂。核果，近球形，径约6mm，成熟时黑色，有2核。种子黑褐色，有光泽，背面有种沟，开口占全种子长的1/2。花期5～6月，果熟8～9月。

识别要点：叶基圆形，边缘有细锯齿。

生境：生于山坡杂木林中或灌丛中。

圆叶鼠李聚伞花序

北京野生果树

分布：见于北京海淀区金山、门头沟区东灵山及其他区、县。亦分布于河北、内蒙古、山西、山东、陕西、河南、湖北、江苏、浙江、安徽。

用途：种子可榨油，作为润滑油。茎皮、果实及根可作绿色染料。果实入药，能消肿毒。

圆叶鼠李果实

（五十二）小叶鼠李 *Rhamnus parvifolia* Bge.
（琉璃枝、黑格铃）

形态：灌木，株高2m。枝密集多分枝，枝端具刺。小枝灰褐色，有微毛或无毛。单叶，密集丛生于短枝上，或在长枝上近对生。叶厚，小型，菱状卵形或倒卵形、椭圆形，长1～3cm，宽0.8～1.5cm，先端圆或急尖，基部楔形，边缘有小钝锯齿，表面暗绿色，背面淡绿色，两面无毛，仅在脉腋具簇生柔毛的腺窝，侧脉2～3对；叶柄0.5～1cm，稍有毛或无毛。花单性，小型，黄绿色，1～3朵聚伞状簇生于叶腋。花梗细，长约0.5cm。萼片4，直立；花瓣4；雄蕊4。核果，球形，成熟时黑色，具2核，每核内具1粒种子。种子栗褐色，稍扁，背面有种沟，种沟开口占种子全长的4/5。花期5月，果熟7～9月。

识别要点：叶菱状卵形或倒卵形，仅在脉腋具簇生柔毛的腺窝。

生境：生于山坡、沟边、谷地及林缘灌丛中。

分布：见于北京香山、八大处、卧佛寺、清华园和昌平区南口。亦分布于东北、内蒙古、河北、山西、山东、甘肃。

用途：果实入药，能清热泻下、消瘰疬。全株可作固沙树种，也可作水土保持和庭园绿化树种。

小叶鼠李果枝

（五十三）卵叶鼠李*Rhamnus bungeana* J. Vass

形态： 小灌木，高达2m；小枝对生或近对生，稀兼互生，灰褐色，无光泽，被微柔毛，枝端具紫红色针刺；顶芽未见，腋芽极小。叶对生或近对生，稀兼互生，或在短枝上簇生，纸质，卵形、卵状披针形或卵状椭圆形，长1～4cm，宽0.5～2cm，顶端钝或短尖，基部圆形或楔形，边缘具细圆齿；叶表面绿色，无毛，背面干时常变黄色；沿脉或脉腋被白色短柔毛，侧脉每边2～3条，有不明显的网脉，两面凸起。叶柄长5～12mm，具微柔毛。托叶钻形，短，宿存。花小，黄绿色，单性，雌雄异株，通常2～3个在短枝上簇生或单生于叶腋，4基数；萼片宽三角形，顶端尖，外面有短微毛，花瓣小；花梗长约2～3mm，有微柔毛；雌花有退化的雄蕊，子房球形，2室，每室有1胚珠，花柱2浅裂或半裂。核果倒卵状球形或圆球形，直径5～6mm，具2分核，基部有宿存的萼筒，成熟时紫色或黑紫色；果梗长2～4mm，有微毛。种子卵圆形，长约5mm，无光泽，背面有长为种子4/5的纵沟。花期4～5月，果期6～9月。

卵叶鼠李花枝

识别要点：叶正面绿色，无毛，背面干时常变黄色。

生境：常生于海拔1 400m以下的山坡阳处或灌丛中。

分布：北京见于海淀区鹫峰、香山、百望山，昌平区南口，延庆县海坨山等。亦分布于吉林、河北、山西、山东、河南及湖北西部。

用途：叶及树皮含绿色染料，可染布。

卵叶鼠李花枝

卵叶鼠李果实

卵叶鼠李果实

卵叶鼠李果实

（五十四）锐齿鼠李 *Rhamnus arguta* Maxim.

形态：灌木或小乔木，株高2～3m，树皮灰褐色。小枝对生或近对生，枝端具刺，灰褐色或红褐色，无毛。叶对生，或近对生，或簇生于短枝顶端，卵形或卵圆形，长3～6cm，宽1～3cm，先端钝或突尖，基部近圆形，边缘具芒状锐锯齿，两面无毛，侧脉3～5对；叶柄长2～2.5cm，被短柔毛或无毛。花单性，黄绿色，单生于叶腋或4～5朵簇生于短枝顶端，花萼4裂，花瓣4，雄蕊4。核果，球形，黑色，具2～4核。种子倒卵形，淡褐色，背面有长达种子全长4/5的狭纵沟。花期5～6月，果期8～9月。

生境：生于山坡杂木林中。

分布：见于北京房山区上方山、密云县坡头。亦分布于东北、河北、山西、山东、陕西、河南、甘肃等地。朝鲜、日本、俄罗斯等国也有分布。

用途：种子榨油，可作润滑油。茎叶及种子可作杀虫剂。

锐齿鼠李花

锐齿鼠李花

锐齿鼠李果实

锐齿鼠李果实

锐齿鼠李果枝

（五十五）鼠李 *Rhamnus davurica* Pall.（大绿）

形态：灌木或小乔木，株高3～4m，树皮暗灰褐色。小枝粗壮，近对生，灰褐色，光滑，顶端无刺，具大形顶芽。单叶，在长枝上近对生，在短枝上簇生，长圆形、卵状椭圆形、长圆状椭圆形或宽倒披针形，长3～12cm，宽2～5cm，先端渐尖，基部楔形或近圆形，边缘具钝锯齿；叶表面绿色，无毛或疏被短毛，背面淡绿色，无毛；侧脉4～5对；叶柄长1～13cm，无毛。花单性，3～5朵簇生于短枝叶腋，黄绿色，花梗长约1cm。萼片4，披针形，具3脉，无毛，花瓣和雄蕊退化呈丝状。子房近球形，柱头3～4裂。核果，球形，熟时紫黑色，径5～6mm。种子2，卵圆形，背面有沟，不开口。花期5～6月，果期8～9月。

鼠李植株

识别要点：枝顶端无刺，具大形顶芽。

生境：生于海拔1 200m的低山山坡、河谷、林缘或杂木林中。

分布：见于北京海淀区颐和园和清华园、昌平区南口、密云县。分布于东北、河北、内蒙古、山西。

用途：种子可榨油，含油量为26%，用作润滑油。树皮和果实可作黄色染料，亦可入药。茎皮和叶可提取栲胶。木材坚实，供雕刻和制作家具。嫩叶及芽供食用及代茶。

鼠李果实

鼠 李 花

鼠 李 花

十四、 葡萄科
Vitaceae

（五十六）山葡萄 *Vitis amurensis* Rupr.

形态：木质藤本，茎长10余m。幼枝红色，初具绵毛，后无毛。树皮暗褐色，成长片状剥离。卷须2～3分枝。叶宽卵形，长10～25cm，宽8～20cm，先端尖锐，基部宽心形，3～5裂或不裂，边缘具粗牙齿；叶表面暗绿色，无毛，背面淡绿色，沿脉上及脉腋间有短毛；叶柄长4～12cm，疏被毛。圆锥花序，与叶对生，长8～13cm，花序轴被白色长柔毛。花小，雌雄异株，黄绿色，直径约2mm。雌花具5退化雄蕊，子房近球形。雄花雄蕊5，无雌蕊。花萼浅杯形，无毛。浆果，球形，直径约1cm，蓝黑色。种子倒卵圆形，具圆锥形短喙。花期6月，果期8～9月。

山葡萄植株

识别要点：浆果，球形，直径约1cm。

生境：生于山地林缘。

分布：见于北京门头沟区百花山、房山区上方山、延庆县松山和海坨山、海淀区金山、密云县坡头、怀柔区喇叭沟门及各区、县山地。亦分布于东北、内蒙古、河北、山西、山东等地。朝鲜和俄罗斯等国也有分布。

用途：果可食或酿酒，酒糟可制醋和染料。种子可榨油，叶及酿酒后的酒脚可制酒石酸。根、藤、果可入药，用于治疗气血虚弱，肺虚咳嗽，心悸盗汗，风湿痹痛，淋病，浮肿。

山葡萄花

山葡萄果实

（五十七）桑叶葡萄 *Vitis ficifolia* Bge.（毛葡萄）

形态： 木质藤本，茎长 6～10m。幼枝、叶柄和花序轴密生白色蛛丝状柔毛，后变无毛。卷须分枝，长 10～16cm。叶卵形或宽卵形，长 10～20cm，宽 7～10cm，3 浅裂，少数 3 深裂或不裂，先端急尖，基部宽心形，边缘具不整齐粗锯齿或小牙齿；叶表面绿色，几无毛，背面淡绿色，密被白色或灰白色茸毛；叶柄长 4～10cm，被毛。圆锥花序，长约 16cm，花序轴密被白色蛛丝状柔毛，分枝近水平开展。花小，具细梗，无毛。花萼不明显，浅碟状。花瓣 5，长圆形，长约 2mm，顶端合生，早落。雄蕊 5，对瓣，与花瓣等长。子房倒圆锥形，花柱短棒状。浆果，球形，径 7～8mm，熟时紫黑色。花期 6 月，果期8～9 月。

桑叶葡萄植株

识别要点：叶背面密被白色或灰白色茸毛。

生境：生于山坡灌丛中或，林缘。分布海拔1 100m。

分布：见于北京房山区上方山、门头沟区潭柘寺、海淀区卧佛寺和石景山区八大处等地。亦分布于河北、山东、山西、河南、陕西、江苏、湖北等地。

用途：果可食或酿酒。

桑叶葡萄果实

桑叶葡萄叶片（背面）

十五、椴树科
Tiliaceae

（五十八）小花扁担杆 *Grewia biloba* Don var. *parviflora* Hand.-Mazt.（孩儿拳、小叶扁担杆、扁担木）

　　形态：落叶灌木，株高可达2m。小枝红褐色，幼时具茸毛。叶长圆状卵形，略带狭方形，长4～10cm，端锐尖，基圆形至广楔形，重锯齿，背面疏生灰色星状柔毛，基脉三出；叶柄具柔毛，长5～10mm。伞形花序，与叶对生，具花5～8朵。花小，不具苞叶，总梗长2～8mm，花淡黄色。核果，红色，直径8～12mm，无毛，2裂，每裂有2小核。

小花扁担杆果期

识别要点：叶背面疏生灰色星状柔毛，基脉三出。

生境：生于浅山阳坡干燥地。

分布：见于北京海淀区西山、香山、金山，房山区上方山，常见。分布于东北、华北、华东、西南。朝鲜也有分布。

用途：根能润肺止咳，叶能治头痛。

小花扁担杆果实

小花扁担杆花枝

小花扁担杆花

小花扁担杆花

小花扁担杆果实

十六、 猕猴桃科
Actinidiaceae

（五十九）软枣猕猴桃*Actinidia arguta*(Sieb. et Zucc.)Planch.ex Miq.（软枣子）

形态：高大藤本。嫩枝有灰白色疏柔毛，老枝光滑。叶卵圆形、椭圆状卵形或长圆形，长6～13cm，宽5～9cm，顶端突尖或短尾尖，基部圆形，边缘有锐锯齿，叶背面脉腋处有柔毛。叶柄长。腋生聚伞花序，有花3～6朵。花白色，直径1.2～2cm。花被数5，萼片仅边缘有毛，花梗无毛。雄蕊多数；花柱丝状，多数，子房球形。浆果球形到长圆形，长约2.5cm，绿黄色。花期5～6月，果期9～10月。

识别要点：叶背面脉腋处有柔毛。

生境：生长在杂木林中。

软枣猕猴桃果枝

分布：见于北京门头沟区百花山、怀柔区喇叭沟门、密云县坡头。亦分布于东北、华北、西北以及长江流域。朝鲜、日本也有分布。

用途：根有清热解毒、化湿健胃、活血散结的功效，用于治疗颈淋巴结结核，癌症，急性肝炎，高血压，跌打损伤。果有调中理气、生津润燥、解热除烦的功效，鲜食或榨汁服，用于治疗消化不良，食欲不振，呕吐。

软枣猕猴桃果实

软枣猕猴桃花

北京野生果树

软枣猕猴桃花

软枣猕猴桃花

十七、 胡颓子科
Elaeagnaceae

（六十）中国沙棘*Hippophae rhamnoides* Linn. subsp. *sinensis* Rousi

形态： 落叶灌木或乔木。株高1～5m，生长于山地沟谷的植株高度常在10m以上，甚至达18m。老枝灰黑色，顶生或侧生许多粗壮直伸的棘刺，幼枝密被银白色带褐锈色的鳞片，呈绿褐色，有时具白色星状毛。单叶，狭披针形或条形，先端略钝，基部近圆形；叶表面绿色，初期被白色盾状毛或柔毛，背面密被银白色鳞片而呈淡白色；叶柄长1～1.5mm。雌雄异株。花序生于上年小枝上，雄株的花序轴脱落，雌株花序轴不脱落而变为小枝或棘刺。花先叶开放，淡黄色。雄花先开，无花梗，花萼2裂，雄蕊4。雌花后开，单生于叶腋，具短梗，花萼筒囊状，2齿裂。果实为肉质化的花萼筒所包围，圆球形，橙黄或橘红色。种子小，卵形，有时稍压扁，黑色或黑褐色，种皮坚硬，有光泽。

识别要点： 叶背面密被银白色鳞片而呈淡白色。

生境： 生于海拔1 100～1 200m的山坡及沟谷地。

分布： 北京山区偶见。我国主要分布于山西、内蒙古、河北、陕西、甘肃、宁夏、青海和四川西部等地。俄罗斯、罗马尼亚、蒙古国、芬兰也有分布。

用途： 果实含有酸及多种维生素可以制作果子羹、果酱、软果糖、果冻、果泥、果脯及果汁等多种食品。具有活血散瘀、化痰宽胸、补脾健胃、生津止渴、清热止泻的功效，用于治疗跌打损伤，瘀肿，咳嗽痰多，呼吸困难，消化不良，高热津伤，支气管炎，肠炎，痢疾。

中国沙棘植株

十八、 五加科
Araliaceae

（六十一）刺五加 *Eleutherococcus senticosus* (Rupr.et Maxim.)Maxim.（一百针）

形态：灌木。多分枝，一、二年生的枝通常密生刺，稀有仅节上生刺或无刺；刺针状，下向，基部不膨大，脱落后遗留圆形刺痕。掌状复叶具5小叶，稀为3小叶。叶柄常疏生细刺，长3～10cm。小叶椭圆状倒卵形或长圆形，长5～13cm，宽3～7cm，先端渐尖，基部阔楔形，叶表面深绿色，脉上具粗毛，背面淡绿色，脉上具短柔毛；叶缘具重锯齿，侧脉6～7对。伞形花序单个顶生，或由2～6组成圆锥花序。萼筒无毛，近全缘或具不明显的5小齿。花瓣5，卵形，紫黄色。雄蕊5。子房5室，花柱全部合生成柱状。果为球形或卵球形，具5棱，黑色，宿存花柱长1.5～1.8mm。花期6～7月，果期8～10月。

刺五加植株

识别要点：枝刺直而细长。

生境：生于森林或杂木林中。

分布：见于北京平谷区、房山区、昌平区、延庆县、怀柔区、密云县及门头沟区百花山。亦分布于东北、河北、山西等地。日本和俄罗斯也有分布。

用途：根皮可代替五加皮入药，有益气健脾、补肾安神的功效。用于治疗脾肾阳虚，腰膝酸软，体虚乏力，失眠，多梦，食欲不振，跌打损伤，水肿。种子可榨油，用于制肥皂。

刺五加花

刺五加果实

刺五加果实

刺五加枝条上的刺

（六十二）无梗五加 *Eleutherococcus sessiliflorus* (Rupr.et Maxim.) S. Y. Hu.

形态：灌木或小乔木，高达5m；树皮有纵裂纹；枝灰色，无刺或有疏刺。掌状复叶，有小叶3～5，小叶倒卵形或长圆状倒卵形，长8～18cm，宽3～7cm，有不整齐锯齿。由数个球形头状花序组成顶生圆锥花序；花暗紫色，几无柄。果实倒卵状椭圆形，黑色。花期8～9月，果期9～10月。

识别要点：由数个球形头状花序组成顶生圆锥花序。

生境：生于海拔1 000m左右的山地林下及林缘。

分布：见于北京平谷区、门头沟区、房山区、昌平区及密云县。亦分布于东北、河北和山西等地。朝鲜也有分布。

用途：根皮在东北亦称"五加皮"，具有祛风化湿、健胃利尿的功效，也可制"五加皮"药酒。

无梗五加花序

无梗五加花序

无梗五加植株

十九、山茱萸科
Cornaceae

（六十三）红瑞木 *Cornus alba* L.（琼子木）

形态： 落叶灌木，株高约3m。枝红色，无毛，常被白粉；髓宽，白色。单叶，对生，卵形至椭圆形，长4～9cm，宽2.5～6.5cm，侧脉5～6对；叶柄长1～2cm。两性花，伞房状聚伞花序，顶生。花小，黄白色。花瓣舌状，雄蕊4。花萼坛状，齿三角形。花盘垫状。子房近于倒卵形，疏被短柔毛。核果，斜卵圆形，花柱宿存；成熟时果为白色或稍带蓝紫色。花期5～6月。

红瑞木植株

识别要点：落叶灌木，枝红色。

生境：生长于海拔800～1 200m的山地杂木林中或溪流沟边。

分布：见于北京昌平区。分布于东北、华北等地。

用途：种子含油约30%，可作工业用油。

红瑞木花序

红瑞木花

红瑞木果实

（六十四）沙梾 *Cornus bretschneideri* L.Henry （卜氏琼子木）

形态：落叶灌木，有时为小乔木。株高1～6m。树皮紫红色，光滑。单叶，对生，叶片卵形、椭圆状卵形至长圆形，长4～8.5cm，宽2.2～6cm；叶先端短渐尖或突尖，叶基圆形或阔楔形，全缘；表面绿色，被短柔毛，背面灰白色，被疏柔毛；侧脉5～6(7)对，弓形上伸，脉腋被白色丛毛，细脉不明显；叶柄长7～15mm，上面有浅沟，下面圆形。伞房状聚伞花序，顶生。花乳白色。花萼裂片4，尖齿状或尖三角形，稍长于花盘。花瓣卵状披针形，长3～4mm。雄蕊4，着生于花盘外侧。子房下位，卵球形，密被灰白色的短柔毛。花柱短，圆柱形。核果，近球形，蓝黑色。花期6～7月，果期8～9月。

沙梾植株

识别要点：落叶灌木，枝红紫色。

生境：生于海拔1 400m处的山坡杂木林中。

分布：见于北京房山区上方山、门头沟区百花山、怀柔区喇叭沟门、密云县坡头。分布于华北、陕西、甘肃等地。朝鲜、俄罗斯及欧洲其他地区也有分布。

用途：果实含油，供工业用。

沙梾果实

沙梾果实

（六十五）毛梾*Cornus walteri* Wanger.（毛梾木）

形态：落叶乔木，株高6～14m。树皮黑灰色，常纵裂而又横裂呈块状。幼枝绿色，略有棱角，被灰白色的疏柔毛，老时光滑。单叶，对生，叶片椭圆形至长椭圆形，长4～12cm，宽1.7～5.3cm，先端渐尖，叶基楔形；叶表面深绿色，稀被短柔毛，背面淡绿色，密被灰白色贴生的短柔毛；侧脉4～5对；叶柄长0.8～3.5cm。伞房状聚伞花序，顶生。花小，白色。花萼裂片4，齿状三角形，与花盘近于等长。花瓣4，披针形。雄蕊4，稍长于花瓣。花柱棍棒状，子房下位，密被灰色短柔毛。核果，球形，黑色，直径5～6mm。花期5月，果期9月。

毛梾花序

识别要点：落叶乔木，树皮黑灰色。

生境：生于向阳山坡。

分布：见于北京海淀区温泉。亦分布于辽宁、河北、山西、山东、河南、陕西、四川、云南、福建。

用途：本种是一种木本油料植物，果实含油率为27%～38%，可食用或作高级润滑油，油渣可作饲料或肥料。木材坚硬、纹理细密、美观，可制作家具等。叶和树皮可提取栲胶。

毛梾木花

毛梾木果实

二十、 柿树科
Ebenaceae

（六十六）黑枣 *Diospyrus lotus* L.（君迁子、软枣）

形态： 落叶乔木，植株高达15m。树皮暗灰色，老时呈现小方块状裂。小枝呈灰绿色，有灰色柔毛或无毛。叶多为椭圆形至长圆形，长5～14cm，宽3.5～5.5cm，先端渐尖或稍突尖，基部圆形或宽楔形，背面灰绿色具毛；叶柄长0.5～2cm。花单生或簇生叶腋；萼4裂，密生柔毛；花冠呈淡黄色或淡红色。浆果，近球形，直径1.5～2cm，熟后变黑色。花期4～5月，果期9～10月。

识别要点： 浆果熟时呈黑色。

生境： 生于山坡、路旁、山谷或栽培。

分布： 北京见于市郊各区、县，较为常见。分布于东北南部、华北、西北、华中、华南和西南等地区。

用途： 果实富含糖及维生素C，提取供医药用。具有止渴、去烦热、祛痰清热、消炎、健胃的功效。种子用于治疗气管炎。黑枣树是嫁接柿树的良种砧木。木材耐磨损，可制成旋器轴、农具。

黑枣幼果

二十一、茄科
Solanaceae

（六十七）酸浆*Physalis alkekengii* L. var. *francheti* (Mast.) Makino（挂金灯、红姑娘、锦灯笼）

形态：多年生草本，株高30～60cm。根状茎长，横走。茎直立，节部稍膨大，无毛或有细软毛。植株下部的叶互生，上部的叶假对生，长卵形、宽卵形或菱状卵形，长4～10cm，宽2～6cm，顶端渐尖，基部楔形，偏斜。花单生于叶腋；花萼钟状，5裂，被短柔毛；花冠辐状，白色，直径约2cm。浆果，球形，熟时橙红色，有膨大宿存的萼片包围。花期6～9月，果期7～10月。

识别要点：浆果，球形，熟时橙红色，有膨大宿存的萼片包围。

生境：生于山坡道旁、田间或村庄附近的阴湿处。栽培而逸为野生。

分布：北京各地分布较为普遍。除西藏外，我国各地均有分布。朝鲜、日本也有分布。

用途：浆果可作水果。带宿存花萼的浆果可供药用，具有清热解毒、利咽化痰的功效，用于治疗咽喉肿痛、肺热咳嗽、感冒发热、湿热黄疸、风湿关节炎、湿疹等。孕妇忌用。

酸浆植株

（六十八）枸杞 *Lycium chinense* Mill.

形态：落叶灌木，株高1余m，多分枝。枝条有纵条纹，细长，常弯曲或俯垂，植物体具刺。叶互生或簇生于短枝上，叶片卵形、卵状菱形或卵状披针形，全缘；叶柄长3～10mm。花常簇生于叶腋；花萼钟状，通常3中裂或4～5齿裂；花冠漏斗状，淡紫色，5深裂，裂片卵形，边缘具缘毛；雄蕊5，花丝基部密生茸毛。浆果红色，卵状或长圆状。种子扁肾脏形，长2.5～3mm，黄色。花期6～9月，果期8～11月。

生境：常生于山坡、荒地、丘陵地、盐碱地、路旁和村边宅旁。

分布：北京见于平谷、顺义、房山、海淀、昌平、延庆、密云等区、县，分布较为普遍。亦分布于东北、河北、山西、陕西、甘肃南部以及西南、华中、华南、华东各地。朝鲜、日本及欧洲也有栽培或逸为野生。

用途：果实入药。有补肾益精、养肝明目、补血安神、生津止渴、润肺止咳等功效。治疗肝肾阴亏，腰膝酸软，头晕，目眩，目昏多泪，咳嗽，消渴，遗精。

枸杞果枝

枸杞浆果

枸杞花枝

二十二、 忍冬科
Caprifoliaceae

（六十九）陕西荚蒾 *Viburnum schensianum* Maxim.

形态：落叶灌木，植株高达3m。幼枝具有星状毛，老枝呈灰黑色，冬芽不具鳞片。叶多为卵状椭圆形，长3～6cm，顶端钝或略尖，基部多为圆形，有时为阔楔形，叶缘具浅小齿，叶表疏生短柔毛或平滑无毛，叶脉5～6对。聚伞花序；萼筒长约3mm，顶端具5浅齿；花冠白色，辐状，长约4mm，花冠筒长约1mm。雄蕊5，着生于花冠筒基部，略长于花冠。核果，椭圆形，长约8mm，初为红色，熟时变黑色，核的腹面具有3浅槽。花期6～7月，果期9月。

陕西荚蒾聚伞花序

北京野生果树

识别要点：花冠白色，辐状。

生境：多生于山坡灌丛中。

分布：见于北京密云、怀柔、延庆等区、县。亦分布于四川、甘肃、陕西、河南、河北等地。

用途：陕西荚蒾可以栽培供观赏，茎、枝可作薪炭材。

陕西荚蒾果序

（七十）蒙古荚蒾 *Viburnum mongolicum* (Pall.) Rehd.

形态：落叶灌木，植株高达2m。幼枝具簇状短毛，老枝灰白色，冬芽不具鳞片。叶宽卵形至椭圆形，长2～5cm，顶端锐尖或钝，基部多为圆形，叶缘具细锯齿，叶正面被疏毛，背面疏生星状毛。花冠淡黄色，管状钟形，长6～7mm，无毛，裂片5。雄蕊5，着生于花冠筒的基部，约与花冠等长，花药矩圆形。核果，椭圆形，先红后变黑，核扁椭圆形，背有2浅槽，腹有3浅槽。花期5～6月，果期9月。

识别要点：花冠淡黄色，管状钟形。

生境：生于海拔800～2 400m山坡林地或河滩地。

分布：见于北京密云、延庆、门头沟等区、县。分布于东北、华北、西北等地区。蒙古国和俄罗斯也有分布。

用途：蒙古荚蒾可以作为园林绿化、水土保持的树种，其茎皮纤维可制绳索或造纸。

蒙古荚蒾果实

蒙古荚蒾植株

蒙古荚蒾聚伞花序

蒙古荚蒾果枝

（七十一）鸡树条荚蒾 *Viburnum opulus* L. supsp. *calvescens* (Rehder) Sugim.（萨氏荚蒾）

形态：落叶灌木，株高达2～3m。老枝和茎暗灰色，具浅条裂；冬芽卵圆形，为2枚鳞片所包被。叶多为卵圆形，长6～12cm，先端常3裂，为掌状脉，裂片具不规则的齿；上部的叶常为长圆状披针形或椭圆形，叶柄基部具2托叶，顶端具2～4腺体。聚伞花序组成复伞形花序，边缘具有较大的不育花，白色；萼筒长约1mm，具5浅齿；花冠乳白色，辐状，长约3mm；雄蕊5，长于花冠，花药紫色。核果，近球形，红色，种子扁圆形。花期5～6月，果期8～9月。

识别要点：聚伞花序边缘具不育花。

生境：生于林下、山谷和山坡。

分布：见于北京平谷、房山、门头沟、海淀、昌平、延庆、怀柔、密云等区、县。分布于东北、华北、西北等地区。俄罗斯、朝鲜和日本也有分布。

用途：果实可食，种子油供制肥皂和润滑油；茎皮含纤维，可制绳；叶、幼枝及果实可入药，能消肿止痛，止咳杀虫；也是很好的庭园绿化树种。

鸡树条荚蒾果枝

（七十二）北京忍冬*Lonicera elisae* Franch.

形态： 落叶直立灌木。植株高达3m。幼枝被微毛；冬芽近卵圆形，被有褐色卵圆形的数对鳞片。叶和花同时开放。叶卵状椭圆形至椭圆状长圆形，两面被短柔毛。花柄从当年枝基部腋内生出；苞片多为卵状披针形；相邻两花的萼筒分离，萼齿钝，萼筒和萼齿均被腺毛和刚毛；花冠漏斗状，白色或带粉红色，外而有毛，基部具浅囊；雄蕊5，花药几乎不伸出花冠；花柱稍伸出，无毛。浆果成熟时红色，椭圆形，长约1cm。花期4～5月，果期5～6月。

识别要点： 浆果，成熟时红色，椭圆形，长约1cm。

生境： 生于沟谷、灌丛或丛林中。

分布： 见于北京门头沟、房山、密云等区、县。亦分布于河北、山西、陕西、甘肃等地。

用途： 供观赏，浆果可食。

北京忍冬枝条

北京忍冬果枝

北京忍冬浆果

（七十三）刚毛忍冬*Lonicera hispida* Pall. ex Roem. et Schult.

形态：落叶灌木，株高达2～3m。幼枝常紫红色，具刚毛和短柔毛。冬芽具2枚鳞片。叶卵状椭圆形至长圆形，具刚毛。总花柄从当年小枝最下1对叶腋内生出；苞片宽卵形，有时紫红色；萼筒常具有腺毛和刚毛，萼檐环状；花冠漏斗状，白色或淡黄色，外面被短柔毛，筒基部具囊；雄蕊5，花药与花冠裂片等长；子房长椭圆形，常被腺毛。浆果，长椭圆形，先黄色后变红色，具有光泽。种子淡褐色。花期5～6月，果期7～9月。

识别要点：叶卵状椭圆形至长圆形，具刚毛。

生境：生于海拔1 700～2 600m的山坡林中或灌丛中。

分布：见于北京房山区和密云县等地。亦分布于新疆、甘肃、青海、宁夏、陕西、山西、河北、四川、云南、西藏等省、自治区。蒙古国和俄罗斯也有分布。

用途：供观赏。花蕾入药，能清热解毒，治疗感冒和肺炎等症。

刚毛忍冬花枝

刚毛忍冬花

刚毛忍冬浆果

（七十四）小叶忍冬*Lonicera microphylla* Willd. ex Roem. et Schult.

形态： 落叶灌木，植株高2～3m，植株灰白色，小枝表皮剥落，老枝灰黑色。叶为卵形、椭圆形至倒卵状椭圆形，基部楔形，两面密生微柔毛或上面近无毛，叶柄很短。总花柄单生叶腋，稍弯曲或下垂，相邻两花的萼筒几乎全部合生；花萼具5齿裂，萼筒环状；花冠黄白色，长10～13mm，基部浅囊状，唇形，上唇4裂，开花时唇瓣开展；雄蕊5，花药和花柱稍伸出花冠。浆果红色或橙黄色，通常全为合生。花期5～7月，果期7～9月。

识别要点： 花冠黄白色，长10～13mm。

生境： 生于海拔1 100～2 600m的林下或林缘、山坡灌丛中。

分布： 见于北京密云、怀柔等区、县。亦分布于新疆、甘肃、青海、宁夏、内蒙古、河北、甘肃等地。阿富汗、印度、蒙古国、俄罗斯有分布。

用途： 可栽培供观赏，亦可作水土保持树种。

小叶忍冬植株，浆果红色

（七十五）华北忍冬*Lonicera tatarinowii* Maxim.

形态：落叶灌木，植株高达2m。冬芽外具有7～8对鳞片。叶多为长圆状披针形，叶长3～7cm，正面接近无毛，背面微被毛。总花柄具有2花；相邻2个小苞片与萼筒合生，萼檐具三角状披针形细齿；花冠2唇形，暗紫色，长约9mm，基部微具浅囊；雄蕊5，不外伸。浆果红色，近球形，长5～6mm。花期5～6月，果期8～9月。

识别要点：叶背面被灰白色毡毛。

生境：生于海拔800～2 000m的沟谷、山坡、林下。

分布：见于北京密云、怀柔、门头沟等区、县。分布于东北、华北等地区。蒙古国和朝鲜半岛也有分布。

用途：可栽培供观赏，作为庭院绿化树种。

华北忍冬植株

华北忍冬植株

华北忍冬果枝

华北忍冬果实

（七十六）金花忍冬*Lonicera chrysantha* Turcz.

形态：落叶灌木，株高达1～2m。冬芽狭卵形，鳞片具毛，背部疏生柔毛。叶多为菱状卵形，长4～10cm，顶端多渐尖。总花柄长1.2～3cm；相邻的两花的萼筒分离，被有腺毛，萼檐有明显圆齿；花冠先白色后变黄色，长1.5～1.8cm，外面疏生微毛，二唇形，花冠筒短于唇瓣的3/4；雄蕊5，花药和花柱均略短于花冠。浆果圆形，红色。花期5～6月，果期7～9月。

识别要点：花冠先白色后变黄色。

生境：生于海拔1 200m的沟谷、林下、灌丛中。

分布：见于北京平谷、房山、门头沟、延庆、怀柔、密云等区、县。分布于东北、华北、西北、西南等地区。朝鲜、日本、俄罗斯也有分布。

用途：种子可以榨油，树皮可以造纸或作人造棉；花和果供观赏，是庭院绿化树种。

金花忍冬植株

金花忍冬一朵花已由白变黄，另一朵新花仍呈白色

金花忍冬果枝

金花忍冬浆果

主 要 参 考 文 献

贺士元，等．1984.北京植物志[M].修订版.北京：北京出版社.

赵建成，等．2011.小五台山植物志[M].北京：科学出版社.

图书在版编目（CIP）数据

北京野生果树 / 郭家选等著 . —北京：中国农业
出版社，2013.8
　　ISBN 978-7-109-18256-1

　　Ⅰ . ①北…　Ⅱ . ①郭…　Ⅲ . ①野生果树—北京市
Ⅳ . ①S660.192.1

中国版本图书馆CIP数据核字（2013）第198442号

中国农业出版社出版
（北京市朝阳区农展馆北路2号）
（邮政编码 100125）
责任编辑　黄　宇

北京中科印刷有限公司印刷　　新华书店北京发行所发行
2013年8月第1版　　2013年8月北京第1次印刷

开本：889mm×1194mm　1/32　　印张：5.625
字数：130千字
定价：68.00元
（凡本版图书出现印刷、装订错误，请向出版社发行部调换）